李毓佩数学故事

彩图版
冒险系列

智闯数学王国

李毓佩 著

U0249333

长江出版传媒　长江少年儿童出版社

鄂新登字 04 号

图书在版编目（CIP）数据

彩图版李毓佩数学故事. 冒险系列. 智闯数学王国 / 李毓佩著.
—武汉：长江少年儿童出版社，2018.10
ISBN 978−7−5560−8741−9

Ⅰ. ①彩… Ⅱ. ①李… Ⅲ. ①数学—青少年读物 Ⅳ. ①O1-49

中国版本图书馆 CIP 数据核字（2018）第 164836 号

智闯数学王国

出 品 人 : 何龙
出版发行 : 长江少年儿童出版社
业务电话 : (027)87679174　(027)87679195
网　　址 : http://www.cjcpg.com
电子邮箱 : cjcpg_cp@163.com
承 印 厂 : 中印南方印刷有限公司
经　　销 : 新华书店湖北发行所
印　　张 : 6.25
印　　次 : 2018 年 10 月第 1 版，2023 年 11 月第 7 次印刷
印　　数 : 46001−49000 册
规　　格 : 880 毫米 × 1230 毫米
开　　本 : 32 开
书　　号 : ISBN 978−7−5560−8741−9
定　　价 : 25.00 元

本书如有印装质量问题　可向承印厂调换

人物介绍

1

本名袁周（爸爸姓袁，妈妈姓周），恰好出生在3月14日，数学成绩又特别好，所以大家亲切地叫他"小派"（小π）。爱动脑筋，思维敏捷，遇紧急情况能沉着应对。

2　　**3**

奇奇

小·不点

很不服气小派在数学擂台上的出色表现，为阻挠小派和奇奇，出了很多坏点子。

小派的好朋友。好奇心很强，数学底子有些薄弱，有点冒冒失失。

弯弯绕国小学一年级的学生，拥有相当于我们小学六年级的数学水平。

一位有抱负的首相，为提高本国的数学教育水平煞费苦心。

目 录
CONTENTS

一封奇怪的邀请信

小派小学快毕业了，他的功课在全班是拔尖的。这不，前几天市里举行小学生数学奥林匹克竞赛，他还取得了第一名。

今天是星期日，小派照例起得很早，锻炼完身体正准备读外语，外面邮递员喊："小派，有你的信！"

小派拆开信一看，只见上面写着：

小派同学：

你好！

听说你在贵市的数学奥林匹克竞赛中独占鳌头。今天是星期日，我邀请你到我们弯弯绕国来做客，共同讨论几个数学问题，万勿推辞。

顺致

敬意

弯弯绕国首相　布直

附弯弯绕国地址：

先向北走 m 千米， m 在下面一排数中，这排数是按某种规律排列的：16，36，64，m，144，196。然后再向东走 n 米，n 是下列数 1，5，9，13，17……的第 100 个数，这列数也是有规律的。

"先求 m 。"小派挠着自己的脑袋，"这排数有什么规律呢？对了！老师说过，找数字规律的常用方法是把这个数字分解。"

"首先，这一排数都可以被 4 整除。对！我先用 4 来除一下。"小派算出结果：4，9，16，$\frac{m}{4}$，36，49。

"我要仔细观察这一排数，看看它们有什么特点。嗯——"小派双手一拍，"看出来啦！这里面的每一个数，都是一个自然数的自乘。看！ $4=2\times2$，$9=3\times3$，$16=4\times4$，$36=6\times6$，$49=7\times7$。规律找到了！排列规律是：$16=4\times2\times2$，$36=4\times3\times3$，$64=4\times4\times4$，$144=4\times6\times6$，$196=4\times7\times7$，中间缺 $4\times5\times5$，所以 $m=100$ 。"

小派刚要算 n，忽然听到外面有人叫他："小派，踢球去！"声到人到，好朋友奇奇跑了进来。奇奇以前最讨厌数学了，但自从在矮人国经历了一番历险之后[1]，奇奇明白了数学的重要性，喜欢上了数学，成绩也开始变好了。

小派把信交给奇奇说："弯弯绕国邀我去做客，今天不能去踢球了。"奇奇把信从头到尾看了一遍，高兴地把球往地上一扔，砰的一声，人和球一起蹦了起来，他说："我也要跟你去弯弯绕国绕一绕。"

小派故意绷着脸问："你也去？这弯弯绕国看来是专门在数学上绕弯子的，你行吗？"

注：故事请见《彩图版李毓佩数学故事·智斗系列》中的《矮人国作战记》。

奇奇不服气地说："怎么着？你数学竞赛得了状元就瞧不起人啦？"

"你能把 n 求出来，我就带你去！"

"那还有问题？"奇奇又把信看了一遍，说，"这个问题只要把这列数的规律找到就成了！从1到5，缺了2，3，4；从5到9，缺了6，7，8，可是这些数有什么规律呢？"奇奇摸着脑袋使劲想，声音越来越小。

小派绷不住劲儿，扑哧一声笑了："你别把注意力集中在缺什么数上，而要观察相邻的两个数，看它们间隔了几个数。"

奇奇连忙说："我会了，我会了。相邻的两个数间隔了三个数。因为 $1=1$，$5=1+4$，$9=1+4\times2$，$13=1+4\times3$，$17=1+4\times4$，依此类推，第100个数为 $1+4\times99=397$。"

"对！咱俩赶快走吧。"小派和奇奇出了门，向弯弯绕国走去。

小派说："该到了，怎么没人接咱俩？"正说着，两个小孩走了过来。看来他们俩正在争吵什么，争得面红耳赤的，马上就要动起武来了。

小派赶紧把两人拉开："有话好好说，别打架。"

"谁打架啦？我们俩在讨论数学题呢！"其中一个小

孩冲着小派嚷。

　　小派仔细端详这两个小孩：年龄都不过六七岁，一个长着圆脸蛋、圆眼睛、圆鼻子，另一个是方脸、方嘴、方鼻子。他们俩的眉毛长得怪，眉梢长，还向里绕了几个圈。

　　奇奇心想：这两个小孩也就是一二年级的小学生，会有什么难题呀？我何不趁机露一手？于是奇奇对他们说："你们有什么问题尽管问我，我保证帮你们解答。"

　　圆脸蛋小孩自我介绍说："我叫圆圆，他叫方方，我们俩都是小学一年级的学生。有这么一道题，我们讨论了很久：甲、乙、丙、丁、戊是五个小孩。已知他们五人都是同年同月生，而且出生的日期是一天紧挨着一天。又知道甲出生早于乙的天数同丙出生晚于丁的天数恰好相等，戊比丁早出生两天。如果乙今年的生日是星期三，那么其余的小朋友今年的生日是星期几？"

奇奇摸了摸脑袋，摇摇头说："这么难的问题，不是你们一年级小学生做的，你们应该去做 1 加 2、2 加 3 这样的题目！"说完，拉起小派就要走。

圆圆张开双臂挡住了奇奇："这个问题还没算出来就要走，这么大个子，不嫌丢人！"

奇奇刚要发火，小派站了出来："我来帮你们做。这道题的关键是要把甲、乙、丙、丁、戊这五个小朋友出生的先后顺序排出来。"

方方斜着眼看着奇奇说："你听听，这个大哥哥说得多有道理呀！"

奇奇一瞪眼："我要是有他的水平，我也拿市数学奥林匹克竞赛冠军啦！"

圆圆问小派："这个顺序应该怎样排呢？"

小派说："由于甲出生早于乙的天数与丙出生晚于丁的天数恰好相等，所以甲在乙前，丁在丙前。又由于戊比丁早出生两天，戊肯定在丁的前面，而且戊和丁之间应该有一个小朋友。"

圆圆不以为然地说："这些关系，从题目中就可以直接得到，关键是戊和丁之间应该是谁？"

奇奇不高兴了，往前走了一步，说："嘿，你小小年纪口气还真不小，让你排，肯定是按甲、乙、丙、丁、戊的顺序来排。"

"奇奇！"小派拉开奇奇，继续分析道，"由于丙在丁的后面，所以戊和丁之间只有甲和乙两种可能。"

方方问："会不会是乙？"

"不会。"小派肯定地说，"如果戊和丁之间是乙，五人的出生顺序为甲、戊、乙、丁、丙，他们都相隔一天。这时，甲比乙早出生两天，而丁比丙早出生一天，这不符合题意。因为题目说甲出生早于乙的天数同丙出生晚于丁的天数恰好相等。"

圆圆说："只能是戊、甲、丁、乙、丙。由于乙今年的生日是星期三……"

奇奇抢着说："所以，丙是星期四，丁是星期二，甲是星期一，戊是星期日。做出来了。"

圆圆不以为然地看了奇奇一眼。

小派问圆圆："你知道弯弯绕国怎么走吗？"

圆圆瞪大眼睛说："这儿就是弯弯绕国呀！我们俩在第一弯弯绕小学读书。你们是到我们国家来做客的吧？"

奇奇一听，立马来了精神。奇奇说："对！是你们国家的布直首相邀请我们来的。"

圆圆和方方一起说："欢迎，欢迎！不过——"圆圆眼皮一翻，看了看奇奇。

奇奇忙问："不过什么呀？"

圆圆说："布直首相邀请的客人，都是数学特别好的。像你这样的数学水平，怕是要吃亏的。"说完，圆圆和方方各写了一张纸条，一张递给了小派，一张递给了奇奇。

方方说："我们国家规定，对客人要按数学水平高低，给予不同的接待。往东有两条路，你们俩各走一条，遇到哨卡就把纸条给哨兵，他会带你们找到首相府的。再见！"方方和圆圆连蹦带跳地走了。

小派和奇奇拿着纸条各选了一条路，就各自前行了。

小派一路走，一路欣赏弯弯绕国的风景。青翠的树木，绚丽的花朵，景色十分迷人，不过所有的树叶和花瓣都绕成了弯儿。小派心想：弯弯绕国连树木、花草都绕着弯儿长啊！

"站住！"突然，一个端枪的士兵从大树后钻了出来，他问，"到哪儿去？"

小派赶紧掏出方方给他的纸条，说："我是布直首相的客人，这是方方写的条子。"

士兵打开条子一看，说："对不起，这上面是道数学题。你做出这道题，就说明是我们首相的客人。如果做不出来，说明你是冒牌客人，我就把你送进监狱！"

小派接过纸条，只见上面写着：

> 老师拿出 100 张英语单词卡片（每张上一个单词），让 4 名学生背卡片上的单词，一张卡片上的单词有几个人背下了，就在卡片上画几个"+"。4 名学生分别背下 89、82、78、77个单词。问画有 4 个"+"的卡片最少有多少张？

小派一边琢磨着怎样解这道题，一边替奇奇担心：奇奇能做出他手中的题吗？如果做不出来，又会怎么样呢？

知识点 解析

数列

按照一定的规律排列起来的一列数，叫作数列。数列中，从左到右的第几个数就叫作这个数列的第几项。如何寻找数列的排列和变化规律，并依据这个规律填写空缺的数呢？

比较简单的数列，一般从相邻两个数的和、差、积、商中找规律；稍微复杂的数列，要全方位入手，把数列合理拆分成几部分，分别观察，还要把每个数与项之间联系起来考虑。

考考你

找规律，填出空缺的数。

3，7，15，31，（　　　），（　　　）

数学擂台

小派心想：解这道题应该从哪儿下手呢？题目问的是画有 4 个"+"的卡片最少有多少张，甲学生背下了 89 个单词，他就在 89 张卡片上分别画上了一个"+"。乙学生背下了 82 个单词，他就在 82 张卡片上分别画上了一个"+"。

小派接着往下想：有办法！为了简单起见，不妨先把 4 个学生简化成甲、乙两个学生。甲、乙画完之后，画有两个"+"的卡片最少有多少张？直接求最少有多少张不好入手，不妨换一个角度，求没画两个"+"的卡片最多有多少张。

什么时候会产生没画两个"+"的卡片最多这种情况呢？是甲、乙两人没背下的单词互不相同。此时，甲没画"+"的卡片有 $100 - 89 = 11$（张），乙没画"+"的卡片有 $100 - 82 = 18$（张），而 $11 + 18 = 29$ 是没画两个"+"的卡片可能的最多张数。

小派高兴地一拍大腿，行了！如果 4 个人没背下的单词互不相同，那么没有画上 4 个"+"的卡片最多有（100－89）+（100－82）+（100－78）+（100－77）＝74（张），所以画上 4 个"+"的卡片最少有 100－74＝26（张）。

士兵看小派把题目做出来了，态度立刻变得客气多了，说："这么说，您真是我们布直首相的客人，请随我来。"士兵熟练地扛起枪，迈着正步在前面带路。小派觉得他走路的样子挺好玩，也学着他的样子，迈着正步在后面跟着。

小派正走着，忽然听到有人喊："小派，快来救救我！"小派仔细一听，是奇奇的声音，他撒腿朝叫喊声传来的方向跑去。在前面走正步的士兵见小派跑了，赶紧追了过去，边追边喊："尊敬的客人，布直首相在这边，那边是监狱。"

小派头也不回，一个劲儿往前跑，转过一片小树林，看见一名胖胖的弯弯绕国士兵正拉着奇奇朝监狱走去。

"住手！"小派大喊一声，三步并作两步跑了过去，他质问士兵，"你为什么要抓人？"

胖士兵摇晃着脑袋说："这个人自称是布直首相的客人，可是他连纸条上的题都做不出来。我们的首相怎么会请这样的客人呢？按照我们国家的法律，凡是冒牌客人都要送进监狱。"

小派解释说："他叫奇奇，我叫小派。你们首相是请我来做客的，他是陪我来的，有什么难题，只管交给我做好了。"

胖士兵把脑袋摇晃得更厉害了，笑着说："一个小派，一个奇奇，名字倒是挺时尚的，不知道数学水平怎样。好，你来试试吧，做不出来，一起进监狱。"说完掏出纸条递给小派。

小派接过题目一看：

A、B、C、D 四个足球队进行循环比赛。进行了几场比赛之后，打听到 A、B、C 三个队的比赛情况，只是不知道 D 队的比赛结果。已知结果排列如下：

	场次	胜	负	平	进球	失球
A	3	2	0	1	2	0
B	2	1	0	1	4	3
C	2	0	2	0	3	6
D						

请问，4 个队各场的比分是多少？

小派看完题目，扑哧一声乐了："我说奇奇呀，你拿了一道你最擅长的足球问题，不应该不会呀？"

奇奇噘着嘴说："人家就要被送进监狱了，你还拿人家开玩笑！这四个足球队的胜负关系错综复杂，怎么求呀？"

小派把题目看了两遍，说："A、B、C、D四个足球队进行循环比赛，每个队都要和其他三个队赛一场。A队的三场已经赛完，从A队入手应该最简单。"

奇奇摇摇头说："简单？我怎么看不出来？"

"考虑A队和B队的比赛，由于A和B都没有输过，所以A和B只能打平。"

"没错！"奇奇来了精神。

小派又说："由于A队没有失球，因此A和B的比分必然是0：0。"

"哇，你真厉害！求出A和B的比分啦！"奇奇激动地拍了小派一下，不想用力过度，拍得小派直咧嘴。

"嘿嘿，不好意思，我太兴奋了。你休息一下，我来接着解题！"奇奇说，"A胜了两场，肯定胜了C和D。胜人家就要进球呀！可是A只进了两个球，不偏不倚，一场进一个。所以A和C的比分是1：0，A和D的比分也是1：0。"

"太棒了！"小派"以其人之道还治其人之身"，给了奇奇一拳，"接着算！"

"还剩下 B 和 C、B 和 D、C 和 D 的比分。"奇奇精神大振，"B 只赛了两场，其中一场和 A 打平，还胜一场。是胜 C 呢，还是胜 D？不会算了。"

小派接过奇奇的问题，说："B 和 D 的比分是 4 ：3。"

"为什么不是 B 和 C 的比分是 4 ：3 呢？"奇奇有疑问。

小派说："由于已经算出 A 和 C 的比分是 1 ：0，而 C 只赛了两场，如果剩下一场是和 B 赛，由于 B 只进了 4 个球，那么 C 只能输 5 个球，而 C 输了 6 个球，这不合题意。"

奇奇又问："那 B 和 C 的比分呢？"

"还没赛呢！"小派的回答逗得胖士兵哈哈大笑。

奇奇也乐了。他又问："还能知道什么比分？"

小派说："还知道 C 和 D 的比分是 3 ：5。由于 C 输给 A 一个球，而又没和 B 比赛，所以所输的 6 个球中，有 5 个是输给 D 的。"

突然，奇奇扶着小派说："我头晕。"

小派忙问："怎么回事？"

"我让弯弯绕国的题目给绕晕了！"奇奇精彩传神的"表演"又把胖士兵逗乐了。

这时，追小派的士兵也赶到了，两名士兵齐声说了句"二位客人请"，便扛起枪在前面迈着正步带路，小派和奇奇跟在后面，直奔首相府而去。

走着走着，前面锣鼓喧天，彩旗飞舞，好不热闹。奇奇最喜欢凑热闹了，他轻轻拉了一下小派的衣角，说："咱俩去凑凑热闹。"说完也不等小派同意，一猫腰就跑了过去。

小派心里直埋怨奇奇："这是什么地方？咱们是布直首相的客人，怎么能随便闲逛？"可是他又怕奇奇一个人出事，只好跟着去了。幸好，两名士兵仍然像接受检阅一样，一个劲儿地往前走，没有发现他们俩溜了。

小派和奇奇跑近一看，这里搭了一个大戏台。戏台用各色的鲜花和彩绸装饰得华丽炫目。奇奇一拍大腿，说："嘿，是演节目！从布置的情况来看，这表演档次准低不了。"

小派哪有心思看节目？他见台子的右侧贴着一个大红榜，走近一看，红榜上写着：

布告

弯弯绕国的居民们：

我国一年一度的数学打擂定于今天下午二时开始。摆设数学擂台是我国的传统活动，欢迎全国居民踊跃参加。真英雄，真好汉，擂台上见。

为了给今年的数学打擂增添光彩，我们特邀了市数学竞赛冠军小派来参加，届时必有精彩表演，请勿错失良机。

弯弯绕国首相　布直

小派见布告上有自己的名字，顿时觉得脑袋发涨。原来布直首相是请他来打擂的，这可真让小派备感意外。

小派正看着布告发愣，忽听有人喊："布直首相驾到！"小派回头一看，在卫兵的簇拥下，一位身穿将军

服的中年人含笑走来。他热情地拉着小派的手说："我叫布直，你是小派同学吧？欢迎你来敝国访问。"小派没见过这样隆重的场面，一时不知该如何应对，只好不断地点头。布直首相说："离开擂时间还早，请先到首相府一坐。"一辆汽车开了过来，布直首相请小派上车。小派说："还有一位同学和我一起来的。"小派向左右看看，没有看到奇奇，就放开嗓门喊："奇奇！奇奇！""小派，我在这儿。"原来，奇奇以为首相是带人来抓他的，一直藏在大戏台的柱子后面。

到了首相府，分宾主坐定。小派首先提了个问题："贵国为什么如此重视数学？"

布直首相说："数学是科学的皇后，没有数学，也就没有现代科学技术。只有在国民中普及数学，提高数学水平，才能富国强民哪！"

奇奇也提出了一个问题："我们遇到过两个小孩，一个叫方方，一个叫圆圆，看样子也不过六七岁，他们怎么会解那么难的数学题呢？"

布直首相笑了笑："现代数学发展得如此迅速，如果小学一年级总是从1加1学起，要学到什么时候才能接触到现代数学？我们弯弯绕国把小学要学的算术作为学龄前教育的内容，放到家庭去学。从小学一年级开始学的代数，相当于你们那儿的小学六年级数学。这样，中学毕业就可以把原来大学要学的数学学完，一上大学就可以从事数学研究，这样能够早出人才！"

奇奇吐了吐舌头，小声对小派说："咱俩到这儿，就变成小学一年级啦。"

开擂时间到了，擂台前人山人海，挤得水泄不通。布直首相、小派和奇奇坐到了贵宾席上。一阵鞭炮、锣鼓响过之后，主持人宣布数学打擂开始。打擂的方法是：先设一个擂主，打擂人上台后，擂主要问他三道数学题，限五分钟内答出来。如果答错了，打擂人就败下擂台；如果全答对了，原擂主败下擂台，打擂人成为新的擂主。接着主持人宣布打擂开始。

主持人刚把话说完，一个又白又胖的小家伙蹿了上来。小家伙往台中央一站，向台下深鞠一躬，说："我来当第一任擂主。"奇奇一拍小派的大腿，说："这不是圆圆吗？"

圆圆在黑板上写出第一道题：

> 我们班有 45 人，其中爱哭的有 17 人，爱笑的有 18 人，既爱哭又爱笑的有 6 人，问：①只爱笑不爱哭的有几人？②既不爱哭又不爱笑的有几人？

奇奇对小派说："这道题容易，我去打擂，打赢了也给咱哥儿们露露脸。"说完站起来就要上擂台。

小派一把将他揪了回来："你好好想想，你说这道题怎么做？"奇奇满不在乎地说："这还不容易？一共有45人，除掉爱哭的17人，再除去既爱哭又爱笑的6人，剩下的22人就是只爱笑不爱哭的呗！"小派摇摇头。奇奇怀疑地说："不对？那——第二问我会做。从45人中除去爱哭的17人，除去爱笑的18人，再除去既爱哭又爱笑的6人，剩下的4人就是既不爱哭又不爱笑的。"小派又使劲摇了摇头，说："爱哭的人中可能包括既爱哭又爱笑的人，你这样减不对。"奇奇一看全不对，马上像被拔掉塞子的充气玩具一样，瘫坐下来了。

一个十八九岁的小伙子跳上了擂台，答道："只爱笑不爱哭的有12人，既不爱哭又不爱笑的有16人。"圆圆把小脑袋一晃，说："说说你的理由。"

小伙子走近黑板，画了一个大圆圈，说："这个大圈表示你们班的45人。"接着又在大圈里画了两个相交的小圆圈，说，"这两个小圈，一个圈里是爱哭的，另一个圈里是爱笑的，两圈相交部分是既爱哭又爱笑的。在大圈里又在两个小圈外的是既不爱哭又不爱笑的。从这些圈的关系可以算出来，只爱哭不爱笑的有11人，只爱笑不爱哭的有 12 人，既爱哭又爱笑的有 6 人，既不爱哭又不爱笑的有 16 人。"小伙子话音刚落，台底下就有人喊："对！""没错！"接着响起一阵暴风雨般的掌声和欢呼声。

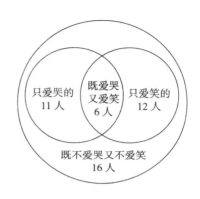

奇奇吐了吐舌头，说："两个问题，我一个也没做对！"小派说："这下你要记住，在做题时画图是很有帮助的。"

圆圆说："你来做我的第二题。"说完在黑板上写出：

小红钓了鲤鱼、鲫鱼和草鱼三种鱼，总共 10 条。小红对同学说："你随便拿走其中的 3 条，都至少会有 1 条鲤鱼。"你知道鲤鱼有多少条吗?

小伙子忽然发出爽朗的笑声，说："这可不像圆圆出的题，这题白送我啦！有 8 条鲤鱼。"

圆圆问："为什么?"

小伙子说："如果鲤鱼少于 8 条，我拿 3 条鱼就可能拿到鲫鱼和草鱼，而拿不到鲤鱼。"

台下又是一片喝彩声。

小伙子笑着对圆圆说："娃娃，将擂主让给我吧？"圆圆瞪大了眼睛说："让给你？没那么容易！你来做我的第三道题吧。"圆圆出的第三道题是：

有三个口袋，第一个口袋里装有99个白球和100个黑球，第二个口袋里装的都是黑球，第三个口袋是空口袋。我每次从第一个口袋里摸出两个球，如果两个球是同色的，就把它们放入第三个口袋里，同时从第二个口袋里取出一个黑球放入第一个口袋里；如果取出的两个球颜色不同，就把白球放回第一个口袋里，把黑球放入第三个口袋。我共操作了197次（指从第一个口袋里取了197次），这时第一个口袋里还有多少个球？它们各是什么颜色的？

"这三个口袋里的黑白球来回乱拿，而且拿了近200次，这可怎么算？"这次可把小伙子难住了。时间一分钟一分钟过去了，小伙子写了满黑板的算式，画了一个又一个口袋，他额头上的汗珠大颗大颗地落下来……

知识点 解析

容斥原理

故事中，圆圆出的第一道题需要用容斥原理去解决。容表示包含，斥表示排除，某元素在哪个圈里，就表示该元素具有哪个圈里所说明的性质；若不在哪个圈里，就表示不具备哪个圈里说明的性质。

考考你

从 7，5，2 三个数中任意选出两个数，组成一个两位数。在 A、B、C 三个圆圈中，A 是 3 的倍数，B 是 5 的倍数，C 是 2 的倍数。请将组成的两位数分别填入合适的圆圈里。

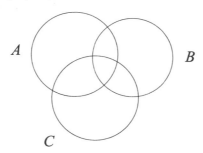

奇奇、小派双打擂

规定的五分钟已到，小伙子败下台来。

"我来打擂！"循声望去，是方方跳上了擂台。

方方说："首先要找出每一次操作的规律：每进行一次操作，都要从第一个口袋中拿出两个球，也不管拿出的两个球是什么颜色，都要放回第一个口袋一个，因此每进行一次操作，第一个口袋里的球就减少一个。"

奇奇在台下点头说："别看方方年纪不大，分析得蛮有道理。"

方方接着说："第一个口袋里共有 199 个球，一共操作了 197 次，最后，第一个口袋里还剩下两个球。"

圆圆不给方方喘息的机会，问："剩下的两个球是什么颜色？"

"这个——"方方紧张地思索着，小脸也开始变红。

小派有点看不下去了，在台下小声说："白球总是成对减少的。"

聪明人只要被提醒一句就能豁然开朗。方方马上说：

"因为第一个口袋里的白球是成对减少的，而白球有奇数个，所以剩下的两个球中一定有一个是白球，另一个必然是黑球。"

圆圆向方方招了招手说："好朋友，你解对了，我把擂主让给你。"说完，纵身跳下台去。

方方对台下说："现在我当第二任擂主，由我来出第一道题。"

古代有好几个人同时向女王求婚，女王说谁能最快地回答她的问题，她就嫁给谁。女王问："我这儿有一篮李子，我把这篮李子的一半再多一个给第一个求婚者。把余下的一半多一个给第二个求婚者，这时李子恰好分完，原来篮子里有多少个李子？"

奇奇对小派说："听你们做了几道题，我脑子有点开窍，我想上去打擂。你先提醒我一下，这个问题从哪儿去想？"

小派说："有些题目直接去分析，可能更简单一些。我相信你一定能够成功！"

"借你吉言！"奇奇紧跑两步跳上了擂台。

方方见过奇奇，神气地说："原来是客人来打擂，欢迎指教。”

奇奇这次还真不含糊，张嘴就答：“题目中说‘把余下的一半多一个给第二个求婚者，这时李子恰好分完’。这说明这一半就是一个李子。第一个求婚者拿走李子后，只剩下两个李子了。所以余下的一半就是一个李子再多一个，总共两个李子给了第二个求婚者。我说，第二个求婚者够惨的，闹了半天才得了两个李子！”

奇奇的一番话，逗得台下观众哈哈大笑。

奇奇来了精神，接着说：“两个再加上多分给第一个求婚者的一个李子，一共是 3 个。这 3 个占全部李子的一半，所以李子数是 6 个。”

嘿！这道题居然被奇奇顺顺当当地解出来了。

台下一片喝彩声，小派高兴地使劲鼓掌，把手都拍红了。奇奇对于自己超水平的发挥别提多高兴了，他抬头看见上面挂着一个气球，一时球瘾发作，跳起来来了个头球攻门，甩头一顶，气球被顶得老高。奇奇这一招又得到一阵喝彩声。

方方说：“先不要高兴得太早了，你再来做我的第二道题。”

小王、小林、小朱、小高四人是同一所学校

的学生。他们在路旁看到一辆汽车，车的牌照是五位数码。

小王说："这个牌照的左边第一个数码是0，第二位数字比我的年龄大。"

小林说："它是4个连续奇数的乘积。"

小朱说："也是我们4个人年龄的乘积。"

小高说："我们每个人之间的年龄差刚好是每个人的姓氏笔画差。"

请问，这辆汽车牌照的数码是多少？4个人的年龄各是多少？

奇奇搓了搓手，说："你出的问题也太离谱了，一个问题要得出5个答数！"奇奇站在东边想想，又站到西边想想，没想出什么好的方法。眼看时间快到了，奇奇脑子里一点头绪也没有，像有成千上万只蚂蚁在爬来爬去，乱糟糟的。奇奇心想：好个弯弯绕国呀，这题目可真够绕脖子的！

正当奇奇无计可施的时候，一个熟悉的声音响起："我来做这道题。"奇奇回头一看，小派上台来了。一看救星到了，奇奇悬着的心才放了下来。

小派向台下深鞠一躬，又转身和方方握了握手，然后才说："由于汽车牌照的左边第一个数码是 0，实际上可以把它当作一个四位数。"

奇奇听到课堂上老师讲过的内容，来劲儿了，插话说："这叫什么？这叫简化。只有把问题先简化了，才能化繁为简，化难为易。"

小派接着说："由于汽车牌照的号码是 4 个连续奇数的乘积，那么它必然是一个奇数。又由于汽车牌照也是他们 4 个人年龄的乘积，他们 4 个人的年龄必定都是奇数。"

"注意，有一个人的年龄是偶数，乘积必然是偶数！"奇奇又插了一句。

小派说："这 4 位同学的年龄不但都是奇数，而且 4 个人的姓是王、朱、林、高，姓氏笔画分别是 4、6、8、10，各差两画，说明这 4 个奇数必然是连续奇数。"

奇奇说："各位看官，问题分析到这儿，就快解决了！"

小派对奇奇说："咱俩怎么像说相声的？"

奇奇做了一个鬼脸："数学相声。"

小派最后解答："4 个连续奇数相乘，乘积是四位数，有 $5 \times 7 \times 9 \times 11 = 3465$ 和 $7 \times 9 \times 11 \times 13 = 9009$，根据小王说的'第二位数字比我的年龄大'，汽车牌照的号码不能是 03465，否则小王的年龄还不到 3 岁。所以汽车牌照的号码只能是 09009。小王 7 岁，小朱 9 岁，小林 11 岁，小高 13 岁。"

小派把题目做完，台下顿时沸腾了，观众有的鼓掌，有的跺脚，有的欢呼。

方方双手一抱拳，说："真不愧是市数学竞赛冠军，名不虚传。这个擂主给你啦！"说完转身跳下台去。

"新擂主出题！新擂主出题！"这时台下又有节奏地喊了起来。

小派这时反而有点慌了，心里埋怨奇奇不该打这个擂。事已至此，埋怨有什么用？赶紧想题目吧，得想点绝的，对！

小派要了一副扑克牌，从中挑出 2、4、6、8、10、Q（代替 12）、小王（代替 14）共 7 张牌，将这 7 张牌交给了布直首相。

小派向台下问："我需要两个人，谁愿意上来和我共同表演这道题？"

"我来！""我来！"方方和一个又矮又胖的黑小子跳上了台。

小派让布直首相将牌洗过，背面朝上摊在桌上。每个人任选两张牌，把两张牌的数字之和报出来，谁能最先猜出剩在桌上的那张牌是多少，谁就算胜出。

　　三人各取两张牌之后，方方说："我的两张牌数字之和是 12。"

　　黑小子说："我的两张牌数字之和是 10。"

　　小派说："我的两张牌数字之和是 22。"

　　"我来猜桌上这张牌。"性急的黑小子说，"由于 $8+4=12$，$10+2=12$，因此方方手中的牌可能是 8 和 4，也可能是 10 和 2……"

　　"对，对。"没等黑小子把话说完，方方抢着说，"由于 $8+2=10$，$6+4=10$，因此黑小子手中的牌可能是 8 和 12，也可能是 6 和 4。"

当两人还没理出头绪时，小派笑着说："桌上那张牌是 Q。"黑小子翻开一看，果然是 Q。

黑小子问："小派，你是怎样算出来的？"

小派摇摇头说："我不是算出来的。"

"不算怎么能知道？"

"因为我手中的两张牌是 8 和小王（14），我就肯定桌上的牌是 Q（12）。"

"我看是蒙的吧？"

"黑小子手中的两张牌之和是 10，Q（12）不可能在黑小子手中；方方手中的两张牌之和也只有 12，因此 Q 也不可能在方方手中。而我手中也没有，你说 Q 能不在桌子上吗？"

黑小子一伸大拇指，说："高招，我服了！请出第二道题吧！"

小派拿来一张直径为 15 厘米的圆纸片，又拿出一把剪刀，准备出下一道题。

小派精彩秀

小派拿起这张直径有 15 厘米的圆纸片和一把剪刀，说："谁能用这把剪刀把这张圆纸片剪成一个纸圈，剪法随便，要求你能从这个纸圈中钻过去，而且这个纸圈还不能断开。"

小派刚把题目一公布，台下就议论开了。有人说："这个题目真新鲜，不用计算，不用证明，只要求一个人能钻过去！"也有人不以为然地说："堂堂的市数学竞赛冠军，怎么出了道耍杂技的题呢？"正在这时，一个灵活得像只猴子的小孩，噌地跳上了擂台，他大声说："让我来试试。"

小派低头一看，只见这个小孩长得又瘦又小，特别是他的脑袋，小得有点特殊，看年纪也就五六岁的样子。小孩接过纸片，用剪刀在中间剪了一个大洞，然后一低头，小脑袋就钻进了纸圈。台下立刻活跃起来了，有人在使劲地叫喊："小不点，能把肩钻过去，你就胜利了！"

"噢，他叫小不点。怪不得长得这样又瘦又小啊！"

小派看着小不点，心想。

小不点把头钻过去，接着就钻双肩，偏偏就是这双肩钻不过去。不管小不点怎样用力收缩他的双肩，总是差那么一点点。台下不少人在为小不点加油。

正当小不点着急的时候，小派拿了一张同样的圆纸片走了过来，他先将圆纸片一圈圈剪开，剪成一条长纸带（下页图中实线部分），又在纸条中间剪出一道缝（下页图中虚线部分）。小派双手一拉，拉出一个很大的纸圈，然后从容地从纸圈中间钻了过去，台下一片哗然。

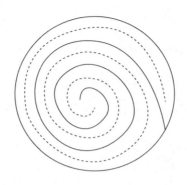

　　一直在观看打擂的布直首相，向小派提了一个问题：
"你这个钻纸圈的题很妙，不过我很想知道，你是怎么想
出这个问题的呢？"

　　小派说："我是从一个古代神话传说中得到的启示。
传说在很早很早以前，一个叫黛朵的公主离开了自己的家
园，准备到北非的地中海沿岸定居。当地的首领非常吝啬，
要公主付出很大一笔钱，才卖给她一块用一张公牛皮围起
来的土地。首领想用这样苛刻的条件，把黛朵公主难倒。
谁知道，黛朵公主欣然同意了。聪明的黛朵公主把公牛皮
剪成许多非常细的条，把条和条联结起来，得到一条很长
的牛皮条。公主用牛皮条沿海岸围出一个半圆。为什么要
围成半圆呢？因为这样围得的土地面积最大。结果公主得
到了一块很大的土地，建立了迦太基国。这个故事启发了
我，于是我编出了这样一道题。"

　　"小派，你再出一道有故事又有数学的题吧，我就爱做这样的题。"小派循声望去，是方方在台下说话。

　　圆圆也嚷嚷说："再出一道这样的题吧，我们老师讲数学时，从来不讲故事。"

　　小派笑着说："我们老师讲数学时，也不讲故事，这都是我从课外书上看到的。既然你们叫我出题，我就再出一道。"

　　小派想了想，就开始讲了：

　　从前有一位年轻、聪明的国王，名字叫爱数。他爱上了邻国美丽的公主。一天，爱数国王带着文武百官和贵重的彩礼，到邻国向公主求婚。公主听明了来意，递给爱数国王一张纸条，公主说："听说你非常喜爱数学，所以起名为爱数。我这儿有一个八位数，请你把它所有的质因数都找出来。如果三天之内，你能一个不差地找到，我就答应嫁给你；如果找错一个，请你不要再提求婚一事。"

　　爱数国王拿过纸条一看，上面写着95859659。国王微微一笑，心想：这还不容易，何必用三天呢？我一会儿就能把它的所有质因数都找出来。

出于礼貌，国王还是同意在三天内来交答案。

爱数国王回国后，连夜进行分解：他先用3去试除，不成，除不尽。他又用7去试除，啊，除尽了，得13694237。找到了一个质因数7，爱数国王的心里别提多高兴了。他又去试除13694237，用3，7，11，13……好多数去除都除不尽，越除不尽越着急，越着急越出错，白纸用去了一大摞，还是没求出第二个质因数来。一晃两天过去了，爱数国王完全被这个数搞糊涂了。他急得倒背双手，在宫里来回地走着。

大臣孔唤石来见爱数国王。他看到爱数国王发愁的样子，问明了邻国公主出的题目，一声不响地冲着爱数国王笑了。

爱数国王没好气地说："平时我对你们这些大臣不薄，现在我遇到了困难，你们竟袖手旁观，哼！"说完转过身去，赌气地一屁股坐在宝座上。

"国王别急。"孔唤石不慌不忙地说，"找到这个数的所有质因数，是很容易的，根本用不着您费这么大劲。"

爱数国王一把抓住孔唤石的手，着急地问："你有什么好办法？"

孔唤石问："陛下，您知道咱们国内有多少有文化的人吗？"

"不少于 5000 万。"

孔唤石说："这就好办了。"

小派讲到这儿忽然停住，问道："哪位朋友知道孔唤石用什么妙法，在很短的时间内把所有的质因数都找到了？"台下先是鸦雀无声，接着是窃窃私语，不过没有一个人站出来回答这个问题。

方方实在憋不住了，大声说："我们都答不出来。小派，还是你自己来答吧！"

"好吧。"小派开始讲孔唤石的妙招：

孔唤石建议，把全国 5000 万有文化的人分成 5 个集团军，集团军的编号是从 0 到 4。每个集团军有 1000 万人。接着把每个集团军平分成 10 个军，编号从 0 到 9。

再把每个军平分成 10 个师，编号也是从 0 到 9。接下去是分成旅、团、营、排、班。

这样一来，每个有文化的人都被编到有固定号码的集团军、军、师、旅、团、营、排、班里。这些号码按顺序写下来，就是这个人的号数。比如一个人被编在1集团军3军5师4旅0团9营7排5班，那么这个人的号数就是13540975。把5000万有文化的人都编上号之后，从00000000到49999999每个数都对应着一个人的编号。

孔唤石又让爱数国王把公主给的八位数95859659公布出去，要求每个有文化的人用自己的号码去除这个八位数，凡是能除尽的，而且是质数的，都到国王这里来报告。把这些报告来的编号收集在一起，不就得到这个数所有的质因数了吗？

爱数国王听罢大喜，立刻下令按孔唤石所说的方法去做。没过多久，有四个人来报告。这四个人的号码分别是1，7，3433，3989。孔唤石说："求出7，3433，3989，合在一起，一共才三个质因数。陛下，如果您一个人去除，您要试除上千次、上万次。如果5000万人去除，每人只做了一次除法就可以知道答案，哪个省时间，哪个费时间，陛下不是一目了然吗？"

由于求出了所有质因数，爱数国王和邻国公主终于结成了夫妻。

　　小派刚讲完，台下就响起了热烈的掌声。布直首相走上擂台，亲自给小派发了奖。圆圆跑上台给小派戴了朵大红花，奇奇在一旁乐得合不拢嘴。

　　布直首相拉着小派的手说："我们弯弯绕国是个十分注重数学的国家。我们试验着把中学的数学下放到小学，把大学的数学下放到中学。可是我们有一个问题没能解决。"

　　奇奇在一旁插话问："什么问题？"

　　布直首相说："学生学的知识虽然多了，可是学得不够活。对大多数学生来讲，数学还是比较枯燥的，缺少吸引力。但是，小派同学提出的两个问题，有趣味，有吸引力。希望小派同学多帮助我们。"

"不敢，不敢。"小派谦虚地说，"我和奇奇来贵国，主要是来学习的。还望布直首相多教给我们一些数学知识。"

"这个——"布直首相迟疑了一下，说，"我们弯弯绕国有座很有名的数学宫，你们两个可以去闯一闯这座数学宫。那里面有欢乐，也充满了危险。只有那些数学基本功好、头脑冷静、不畏艰险的人，才能闯过数学宫。在闯数学宫的过程中，你们会学到许多数学知识。"

小派和奇奇高兴地说："好，我们俩愿意去闯一闯。数学宫在哪儿？"

布直首相往前一指，说："看！那座金光闪闪的宫殿就是数学宫。"小派告别了布直首相，和奇奇手拉手向数学宫走去。

知识点 解 析

质数的寻找

早在公元前 300 多年，古希腊数学家欧几里得就证明了质数有无数多个。但是数越大，发现质数的难度就越大，因此人类已知的质数还是为数有限的。1876 年，数学家卢卡斯发现了当时最大的质数 $2^{127}-1$，是 39 位数，这个记录保持了 75 年。随着计算机的出现，人们发现了越来越多的质数。目前发现的数值最大的质数是 $2^{77232917}-1$，这个数有 23249425 位。

找一找，100 以内的质数有哪些？

半路被劫

小派、奇奇打擂得胜后，经布直首相指点，决心去数学宫进一步探索数学的奥秘。两个人沿着林荫小路，大步往前走。奇奇心里高兴，边走边跳，嘴里还一个劲儿地唱："Go，Go，Go，噢雷噢雷噢雷！嘿，我说小派，你这个擂台打得可真漂亮！你把弯弯绕国的人都绕糊涂了。我原来感觉数学枯燥无味，可没想到越学越有兴趣。我现在已经被它彻底迷倒了！"

小派谦虚地说："我无非讲了两个数学故事。"小派话音刚落，一棵大杨树后面忽然闪出两个戴着面具的人，他们手里拿着枪，厉声喝道："不许动，把手举起来。"

"怎么？弯弯绕国也有强盗！"小派和奇奇相互看了一眼，慢慢地举起了双手。两个戴面具的人绕到小派和奇奇的背后，其中一个用枪口顶了一下小派的后腰，说："往前走！"小派在前面不紧不慢地走着，奇奇紧跟在后面。

走到一个丁字路口，路上立着一块牌子，上面标明去数学宫往右拐，而戴面具的人偏叫小派往左拐。走到一个十字路口，他们还叫小派往左拐，然后右拐、右拐、右拐，连续三个右拐弯，来到一座石头屋前。

石头屋没有窗户，只有一扇铁栅栏门。这两个人打开铁栅栏门，把小派和奇奇推进了石头屋，然后用锁把铁栅栏门锁上。

奇奇急了，双手抓住铁栅栏门用力摇晃，气呼呼地对那两个人说："我们俩是布直首相请来的客人，你们怎么能这般无礼？"两人一声不发，掉头走了。

奇奇大喊："你们回来，放我们出去！"

小派在一旁说："不用喊了，他们俩已经走远了。"

奇奇转过身，背靠着铁栅栏门懊丧地说："完了，被人绑架了，数学宫也去不成了。"

小派没说话，两眼不住地打量这间石头房子。奇奇说："有什么好看的？这里空荡荡的，连把椅子都没有。"

小派又看了看门锁，忽然眼睛一亮，他小声对奇奇说："奇奇，你快看，这是一把六位数的密码锁。"

奇奇用手转了转密码锁，摇摇头说："密码锁，不知道开锁的密码，你也开不了呀！"

突然，屋顶一亮，两人抬头一看，是屋顶的天窗被打开了，阳光照了进来。一张纸条从天窗飘下，天窗很快又

被关上了。不等纸条落地，奇奇一个摘球动作，把纸条一
把捞到手里。小派接过纸条一看，只见纸条上写着：

开锁的密码是 $abcdef$。这 6 个数字各不相同，
而且 $b \times d = b$，$b + d = c$，$c \times c = a$，$a \times d + f = e + d$。

小派说："这是有人救咱俩。"

奇奇一摇头，说："救人也不彻底，还要我们自己去
算。这一大堆算式，连个已知数都没有，怎么算？"

小派瞪了奇奇一眼，说："你老毛病又犯了。没有认

真分析一下题目，怎么就知道肯定解不出来呢？来，咱俩一起解。"小派把纸条反反复复看了好几遍。

奇奇在一旁着急地问："怎么样？有办法了吗？"

"你看这第三个式子是 $c \times c = a$，这就说明 a 一定是一个平方数。从 0 到 9 这 10 个数中，只有 0，1，4，9 这四个数是平方数。但是 a 不能是 0，否则 c 一定是 0，这时 a 和 c 就相等了，与纸条上写的 '6 个数字各不相同' 这个条件不符。同理，a 也不能是 1。a 只能是 4 或 9，而 c 只能是 2 或 3。"

一听小派分析得有道理，奇奇也来了精神，他说："给出了 $b \times d = b$，说明 d 一定等于 1。"

小派赞许地拍拍奇奇的肩膀，说："对，你分析得对！"

经小派一夸，奇奇更来劲儿了。他指着第二个算式说："既然 d 等于 1，由 $b + d = c$ 可以知道 c 比 b 大 1。"奇奇说到这儿，高兴得跳了起来。

小派拉住奇奇，说："你接着往下算。"

奇奇看着式子，摸了摸脑袋说："往下我就不会了。"

小派说："刚才分析出，c 是 2 或 3，再由 d 等于 1，c 比 b 大 1，可以得出 $b = 2$，$c = 3$。"

"为什么？"奇奇有点糊涂。

小派说："你看，c 不能等于 2，否则 b 必定等于 1。可是 d 已经等于 1 了。因此，c 只能等于 3，b 就等于 2 了。"

奇奇高兴地两手一拍，说："$c=3$，a 就等于 9，快算出来喽！"

小派指着最后一个式子说："既然 $a \times d + f = e + d$，可以肯定 $f = 0$，$e = 8$。"

"哦，算出来啦！$abcdef = 923180$。快开锁吧！"

奇奇说完就动手去拨密码锁的号码，当拨到 923180 时，只听咔嗒一响，密码锁打开了。奇奇拉开铁栅栏，和小派跑出了石头屋。

屋子外一个人也没有。奇奇往四周看了看，一屁股坐到了地上。小派问："你为什么不走啊？"

奇奇垂头丧气地说："两个戴面具的人带着咱俩左转一个弯儿，右转一个弯儿，把我都转糊涂了。咱俩逃出了石头屋，还是不知道往哪儿走啊！"

小派问："你还记得那两个人是从什么地方跳出来的吗？"

"记得，是从一棵大杨树后面。"

小派指着石头屋后面不远处的一棵大杨树，说："就是那棵大杨树。"

"哪有的事！大杨树多了，你怎么敢说就是那棵呢？"

奇奇不相信小派的话。

小派蹲在地上边画边说："戴面具的人一开始是叫咱俩从 A 点向北走，我默数了一下，共走了 257 步到了 B 点。第一次向左拐，走了 417 步到了 C 点；第二次向左拐，又走了 257 步到了 D 点。你从图上可以清楚地看到，D 点在 A 点正西 417 步处。"

奇奇点点头说："嗯，我说你刚才走路时，怎么不慌不忙还默不作声，原来你在边走边数步子。"

小派接着说："我们在 D 点并没停顿，又继续往前走了 199 步到了 E 点。第一次右拐弯，走了 100 步到了 F 点；第二次右拐，走了 199 步到了 G 点；第三次右拐走了 517 步，就又回到了 A 点。"

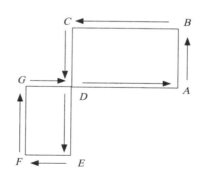

奇奇摸着脑袋说："活见鬼，绕了两个圈儿又回到了 A 点。那咱俩怎么办？"

小派坚定地说："咱们从大杨树一直往北走，还是去数学宫。"

两人一溜小跑，来到大杨树下。奇奇朝左右仔细看了看，这里果然是刚才被劫持的地方。奇奇竖起大拇指，佩服地说："小派，我服了你了，你这个步量法还真准！咱俩走吧。"

小派摇摇头说："吸取刚才的教训，这次咱俩分开走。我在前，你在后，拉开一定的距离。这样即使遇到了坏人，也不会一起被抓住。"

"是个好主意。"两人一前一后，大约保持200米的距离。

小派不放心奇奇，一边走，一边往后看。来到了丁字路口，小派往右拐弯儿，并向奇奇做了个向右拐的手势，奇奇冲小派笑着点了点头。

小派向右拐弯没走多远，听见后面传来"砰、砰"两声响。小派顿觉不妙，掉头往回跑，跑到丁字路口一看，啊，奇奇没了！会不会又被人劫持了？小派觉得事情非同小可，赶紧沿着原路寻找。小派一边走，一边叫着奇奇的名字，可是他找了很长一段距离，也没见着奇奇的影子。

小派仔细辨认着地上的脚印，发现一行球鞋脚印通向路边。这是奇奇的脚印，因为奇奇总是喜欢穿球鞋。可是奇奇一个人干什么去了呢？"砰、砰"两声响又是怎么回事？小派陷入苦苦的思索中……

球场上的考验

小派顺着奇奇的脚印往前找，走了不长一段路，看见了一个足球场。许多人站在场边观看，奇奇一个人踢着足球在场里来回跑。

"这个球迷，怎么半路跑到这儿踢足球了？"小派心里直埋怨奇奇，赶紧喊了奇奇一声。这个奇奇是个十足的球迷，看见足球就挪不动步。

"我在这里进行足球智力比赛呢！"奇奇擦了把头上的汗，咧着大嘴一个劲儿地乐。

"足球智力比赛？"小派还是第一次听说。

奇奇解释说："刚才我正跟在你后面走，忽然砰的一声，一个足球飞落到我的脚前，我砰的一声又把足球踢了回去。后来方方跑来了，他说我足球踢得好，非拉着我参加足球智力比赛不可，我就跑到这儿来了。"

正说着，方方抱着一个足球跑来了。方方大声叫道："嘿，小派，你也来参加足球智力比赛？欢迎！给你一个足球。"说着把足球扔给了小派。

小派接过足球问道："这怎么个赛法？"

方方指着足球场说："你看，这半个足球场连同大门里面，都用黑白两色分成24格。比赛要求从最右端的黑格带球进入场内，每个格都要带球经过一次，而且只能经过一次，最后从最左端的黑格出来。在带球过程中，只能直着走，不能斜着走。谁能做到谁就取胜。"

奇奇说："你看着，我先给你表演一次。"说着，他带球从最右端的黑格进入了足球场。奇奇以熟练的带球技术在场内走回形线，当他走了一大半时，就前进不了啦！

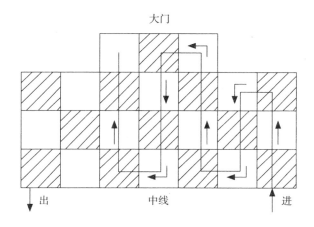

方方对小派说："你来试试吧。"小派没动，他看着这半个足球场苦苦地思索。奇奇还是带着球，在场内来回跑，一边试验，一边过足球瘾。

突然，小派喊道："奇奇，你别试验了，这样的路线根本不存在。"小派的话使在场的人都感到惊讶。

方方问："你连一次都没试验过，怎么敢肯定这样的路线不存在呢？"

小派笑着说："是数学方法告诉我的。你们来看，和每个黑格相邻的都是白格，反过来，和每个白格相邻的一定是黑格。由于不许斜着走，从最右端的黑格……总之，进入的第奇数个格一定是黑格，第偶数个格一定是白格。你们说对不对？"

"对，对。"在场的人都同意小派的分析。

小派接着说："我数了一下，黑、白格各 12 个，一共 24 个格。24 是个偶数，按我上面的分析，只有第偶数个格是白格时，才有可能走通，可是这里的第 24 个格，也就是最后一个格是黑格。因此，我肯定这样的路线不存在。"大家都觉得小派说得有道理。

方方紧接着问："能不能改变一下，让这条路线走得通呢？"

小派略微想了一下，说："可以。只要适当地去掉一个白格就可以走通。"小派去掉球门里面的一个白格，然后带球从最右端的黑格入场，进场就横着走，接着转过头又往回走。

嘿，小派的脚下功夫也不弱，他干净利索地一口气跑完全场，最后从最左边的黑格把球带了出来。全场观众一起鼓掌，奇奇也直叫好。小派抹了把头上的汗，对奇奇说："咱俩走吧。"可奇奇看见足球哪里迈得动腿呀?

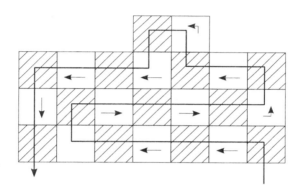

他央求小派说："赛场球再走吧！"一提到赛球，在场的人都嚷嚷要比赛。

小派对奇奇说："真拿你没办法！咱们的任务是去数学宫，半路你却非要踢球。"

奇奇说："好小派，就踢 10 分钟。"小派没办法，只好答应。于是，方方把在场的人分成两队，小派和奇奇一队，方方在另一队守大门。小派踢后卫，奇奇踢前锋，两人配合默契，踢了不到 10 分钟，奇奇就头球破门三次，小派也远射中一球，场上比分为 4 : 0。方方摆着双手，大喊："不踢了，不踢了。我快成'漏勺'了。奇奇的球技果然厉害！"一句话说得奇奇心花怒放。

小派把方方拉到一旁问："你们这儿是不是有强盗？"接着把被劫持的事说了一遍。

方方听完扑哧一笑，说："哪儿来的强盗？他抢走你什么财物了？我们弯弯绕国的人都喜欢开玩笑，指不定是谁戴着面具在追你们呢！"

"开玩笑？"小派想了想，"有这么开玩笑的吗？"

方方缠着奇奇，非叫奇奇教他练足球基本功不可，奇奇当然很乐意教他。奇奇带方方来到一堵墙前，先教方方传球和接球。奇奇把球踢到墙上，足球正好反弹到方方的脚下。方方也冲墙踢了一脚，足球却没反弹到奇奇的脚下。方方问奇奇这是什么原因。

奇奇解释说："关键是要把球踢到墙上一个合适的位置，这要靠经验。"

"这么说，我没经验就一定踢不好球？你可别蒙我，我问问小派去。"方方转身去找小派。

奇奇笑着说："解数学题你找他，踢球还得找我。"

方方找到了小派，小派半开玩笑地说："如果你能告诉我，是谁劫持的我们，又是谁从天窗扔下的纸条，我就告诉你一个踢法，比奇奇踢得还准。"

"行！只要能让我踢得准，我一定告诉你。"方方满口答应。

小派让方方找来一根长绳和两根短木棍，把木棍分别钉在两个地方（下图中的 A 点和 B 点），把绳子的两头系在两根木棍上，再把绳子拉紧，在地上画出一大段曲线，再搬来许多砖，让砖的小面向里，沿着画好的曲线垒起一道墙。

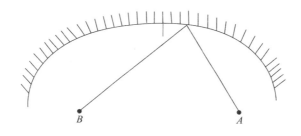

方方被小派的这一系列指挥弄糊涂了，笑呵呵地问："我让你教我踢足球，你修墙干什么？"

小派拍拍手上的土，对方方耳语了几句。方方听罢一跳老高，立刻去找奇奇。

方方挺着胸脯对奇奇说："还是小派的基本功过硬，我跟他没练几下，就已经超过你的水平啦！"

奇奇摇摇头说："不可能，'冰冻三尺，非一日之寒'。我能踢得这么准，是长期练出来的。"

方方歪着脑袋说："我就是踢得比你准，不信咱俩比试比试。"

"比就比。"奇奇根本没把方方放在眼里。

方方提出的比试方法是,每人踢 10 次,看谁踢得准。奇奇还是对着原来的墙踢。奇奇踢了 10 次,只有 7 次反弹到方方的脚下。该方方踢了,方方说对着直墙踢不算真功夫,他要到弧形墙上去踢。奇奇心里想:方方真是个傻子!

方方和奇奇来到刚垒好的弧形墙前,方方在 *A* 点站好,奇奇在 *B* 点站好。方方抬腿一踢,足球撞到弧形墙上,准确地反弹到奇奇脚下。奇奇吃惊地看了方方一眼,方方冲奇奇做了个鬼脸。这第二脚就更有意思了。方方有意把头歪向一边，随便踢了一脚，说来也怪，足球撞墙之后又乖乖滚到奇奇的脚下。第三脚就更绝了。方方背朝着墙，用脚后跟用力一磕，球碰到墙上后照样滚到奇奇的跟前。方方踢了 10 次，足球全部弹回到奇奇的脚前，神啦！

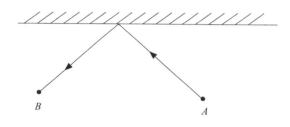

奇奇惊呆了，他怀疑这只足球里面有机关。他拿起足球用力摇了摇，里面什么也没有；又把球托在手里试了试，重量也合适。这到底是怎么回事？

奇奇并不认输，他提出也在弧形墙上踢 10 脚。方方说："可以。"方方趁奇奇不注意，悄悄向右移了两步，到了 A' 点。尽管奇奇使出了浑身解数，可是 10 脚反弹球全部落空。奇奇也不是傻瓜，他仔细一琢磨，觉得问题出在小派身上。他找到小派问："小派，你搞什么鬼？愣叫我输给了方方。"

小派笑着说："我修了道椭圆形的墙。椭圆有个重要性质：从一个焦点 A 踢出来的球，撞到椭圆形墙反弹回来，一定滚到另一个焦点 B。刚才你和方方各站在一个焦点上，因此，不管方方怎样踢，球一定反弹到你的脚下。"

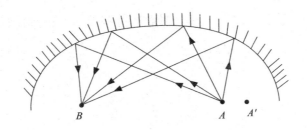

"为什么我踢时就不灵了呢？"

"傻奇奇，方方趁你不注意的时候向右挪了两步，离开了焦点，球当然不会滚到他的脚下了。"

奇奇生气地质问："你为什么帮助方方来整我？"

小派小声地说："虽然你输了球，可是方方告诉了我是谁从天窗扔下纸条。"

"是谁？"

"是圆圆。方方说圆圆一直在暗中保护咱俩。"

"那两个戴面具的人是谁？"

小派摇摇头："方方也不知道。"

奇奇眼珠一转，说："哎，那圆圆一定知道。咱俩何不找圆圆问问？"

"好主意！"小派向方方打听圆圆在哪儿，方方说圆圆在游艺宫打台球。

　　小派和奇奇赶到游艺宫，在台球室里找到了圆圆。胖乎乎的圆圆手拿球杆，正噘着嘴生气呢！什么事惹圆圆生这么大的气？小派站在一旁仔细观察。

　　该圆圆打了。球台上有两个球，圆圆先用眼睛瞄准，然后把一个球打了出去。球在台边碰了几下，从另一个球的旁边滚过。"糟糕，又没打中！"圆圆急得直跺脚，小脸都涨红了。

　　原来圆圆是在为打不好台球生气！小派心里有了主意，他走过去握住圆圆的手，说："圆圆，你好！"圆圆一看小派来了，非常高兴，把球杆递给小派说："教教我打台球吧，我总打不进。"

　　"我也打得不好。"小派接过球杆，连续打了三个球。真漂亮！小派打出去的球就像长了眼睛，在球台上左碰右撞，最后准确地碰到了第二个球。

　　"真棒！真棒！小派，你快教我打吧！"圆圆又蹦又跳，那高兴劲儿就别提了。

　　小派小声对圆圆说："感谢你救了我们！不过，我很想知道那两个戴面具的人是谁。"

　　圆圆眨了眨眼睛，压低了声音说："你教会我打台球，我就告诉你。"

　　小派点点头说："行！"

落入圈套

奇奇在一旁问："你们俩嘀嘀咕咕说什么呢？"

小派随口答应："在谈打台球的事。"他边说边从口袋里掏出纸和笔，画了张图。

　　小派说："球从 P 点出发，在球台边反弹两次，最后撞击到 Q 点的球。这里的关键是什么呢？关键是要 $\angle\alpha_1=\angle\alpha_2$，$\angle\beta_1=\angle\beta_2$。"

　　圆圆问："怎样去打，才能保证 $\angle\alpha_1=\angle\alpha_2$，$\angle\beta_1=\angle\beta_2$ 呢？"

　　小派指着图说："先找到 P 点关于 AB 边的对称点 P_1，再找到 P_1 点关于 BC 边的对称点 P_2。连接 QP_2，与 BC 交于 F 点，连接 FP_1，与 AB 交于 E 点，那么 E 点就是台球第一次要撞击的点。"

　　圆圆吐了吐舌头，说："找撞击点这么麻烦？"

　　小派笑着说："理论是如此，能否打好还要靠平时的练习。"

　　圆圆的数学基础本来就很好，照小派教的原理，试打了几个球，效果一次比一次好，圆圆挺高兴。小派趁机追问戴面具的是谁，圆圆趴在小派的耳朵上，说出了两个名字。小派一听，眉头直皱。

　　奇奇看见小派和圆圆在咬耳朵，忙凑过来听。圆圆把小派和奇奇拉到一旁，说："我跟你们详细说说吧。你们还记得打擂台时，有一个小伙子打擂输了吗？"

　　奇奇点点头说："记得呀，他被你出的第三道题给难住了。"

圆圆介绍说："那个小伙子叫刘金，他争强好胜。小派在擂台上出题难倒了大家，刘金当时很不服气。他和小不点在台下偷偷商量，要收拾你们一下。"

奇奇惊奇地问："小不点？就是那个钻纸圈的小不点吧？"

"对，就是他！你别看他长得又小又瘦，肚子里的点子还真不少呢！"圆圆瞪大眼睛说，"刘金和小不点琢磨的坏主意让我听见了，我哪能看着不管哪！我就在暗中保护你们。他们俩戴着面具，拿了两把假枪，把你们关进石头屋。我爬上屋顶，从天窗给你们塞进一张纸条。"

小派拉住圆圆的手，说："感谢你救了我们！"

奇奇紧握双拳，愤愤地说："我一定要找到小不点和刘金，跟他们算账。"小派劝奇奇不要把事情闹大。圆圆告诫小派说："刘金和小不点还会给你们捣乱的。"小派和奇奇记住了圆圆的提醒，告别了圆圆，两人继续向数学宫走去。

路上，小派劝奇奇不要太贪玩，贪玩容易误事，奇奇却不以为然，笑嘻嘻地说："我要不踢那一脚球，还遇不上方方呢，也打听不出是谁给咱俩使的坏。"

突然，一个又瘦又小的人影在前面一闪。奇奇用手向前一指，大声叫道："小不点，快追！"说完撒腿就跑。

小派在后面边追边喊："奇奇，你慢点跑，你看准了吗？"

"哎呀，是小不点，没错！"奇奇越跑越快。

前面有一条小路，奇奇顺着小路追了下去。追到一个丁字路口，奇奇看见右边有人影一闪，赶紧往右追；追到一个十字路口，看见左边有人影一闪，又往左追。就这样七追八追，奇奇跑得一身大汗，也没追上那个人。

奇奇一屁股坐在地上，抹了一把头上的汗，说："咱俩跑得不算慢呀，怎么硬没追上小不点呢？"

小派低头琢磨了一会儿，忽然一拍大腿，说："坏了，咱俩上了小不点的当！"

"上当了？"奇奇赶忙问个究竟。

小派说："你想，小不点引着咱俩左转一个弯儿，右转一个弯儿，把咱俩都绕糊涂了，咱俩还能找到原路吗？"

"对呀！"奇奇也琢磨过来了，"这个小不点真坏！咱俩都让他给骗了。现在怎么办？圆圆还会来救咱俩吗？"小派心里也没把握，轻轻地摇了摇头。

天渐渐黑了，奇奇的肚子饿得咕咕直叫。不能坐在这儿干等呀！可是，如果毫无目标地乱走，也可能越走越远，想找回原路就更难了。两人正在为难，忽听啪嗒一声，一个小纸团落在小派的脚下。小派拾起纸团打开一看，上面写着几行字，还画有 9 个圆圈，旁边注明：

　　图上的圆圈，代表着9个路口。你们正在黑圈的位置，如果能一笔画出4条相连的直线，恰好通过9个圆圈，这条折线就是你们返回的路线。

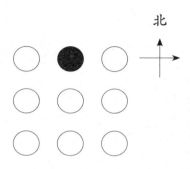

　　奇奇把纸条接过来看了一遍，高兴地说："这准是圆圆又来救咱俩了，这条折线由我来画。"奇奇马上用笔画了起来。可是他画了半天，就是画不出来这四条直线。纸也已经被奇奇画得乱七八糟了。

　　奇奇把纸条往小派手里一塞，说："真难画，我画不出来，你画吧！"小派一看，这纸已经被画得一团黑了，只好又掏出一张纸重画了一张图。

　　小派并不急于在图上画直线，拿着图左看看右看看。当把图向左旋转45°时，小派停住了，端详了半天，才画出了四条直线。

北

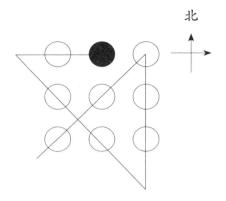

奇奇一看，高兴得直拍手："对极了，就是这么个画法。按着地图的规定：上北、下南、左西、右东，咱俩应该往西走才对。"说着，奇奇拉着小派向西走去，他们过了交叉路口继续往前走。小派一边走，一边不停地回头朝东南方向看。

奇奇问："你为什么总回头啊？难道有人跟踪咱俩？"

小派说："没人跟踪，我是在寻找拐弯的地方。"

"找拐弯的地方？"

"对呀！从图上看，拐弯的地方并不是路口，也没有什么特殊标记。要找到拐弯处，只有不断地向东南方向看，能看见两个交叉路口的地方才是啊！"

奇奇往前走了几步，忽然大声叫道："小派，你快来，这里能看见两个交叉路口。"小派跑过去一看，果然前面出现了两个交叉路口。小派把手一挥，两人顺着这条路往前走，走过两个交叉路口，小派边走边往正北看，当他同时看见三个交叉路口时，就拐弯向北走去。他们走到第三个交叉路口时，又向西南走，走到第四个交叉路口，两人停住了。

天已经黑了，两人站在交叉路口东瞧瞧西看看，觉得这个地方非常陌生，不像通往数学宫那条路。

奇奇摸摸脑袋，说："嗯，怎么不对劲呀？"

小派一跺脚，说："坏了！咱俩又上小不点的当了！"

"怎么又上当了？"奇奇惊讶地问。

"咱俩一直追踪着小不点，并没有见过圆圆的影子，没有理由说明纸团是圆圆扔的。"小派在分析眼前发生的事情。

"纸团会是谁扔的呢？"

"是小不点扔的！他的目的是把咱俩引入圈套。"

"小不点会设什么圈套？"奇奇有点担心。

天已完全黑了，周围一片静谧，十分荒凉。两个人在黑夜中默默地站着，一个在为肚子饿而发愁，一个在思考解脱的办法。

突然，不远的地方传来几声凄厉的叫声。"啊，狼！"奇奇浑身直哆嗦。

奇奇最怕狼，他紧张地问小派："有狼，怎么办？"小派摆摆手，示意奇奇不要出声。小派侧耳细听狼的嚎叫声，狼的叫声越来越近了……

小派对奇奇耳语了几句，奇奇听后直摇头。小派又耐心地对奇奇说了些什么，奇奇显出无可奈何的样子，皱了皱眉头。

近处又传来两声狼嚎，奇奇吓得大叫一声，撒腿就跑，边跑边喊："小派快跑呀！狼来啦！"

奇奇跑远了，路旁的树丛中闪出一个矮小的黑影。只见这个黑影双手捂嘴，发出一声狼嚎。远远地只听见奇奇带着哭音喊："我的妈呀！快跑吧！"

"哈哈……"黑影发出一阵笑声，接着说，"什么小派、奇奇，我装几声狼叫就把你们吓得屁滚尿流，哈哈。"黑影正自鸣得意地笑个不停，后脖子就被人用手卡住了。

"小不点，装狼叫装得挺像啊！"小派用右手卡住了小不点的脖子。

小不点央求说："小派手下留情，下次不敢了。"

"好个小不点，看你往哪儿跑！"奇奇气喘吁吁地跑了回来，抡拳就要打小不点，小派赶忙拦住。

奇奇左手叉腰，右手指着小不点的鼻子问："我们俩什么地方得罪你了？你为什么三番五次地和我们作对？"

小不点有点紧张，支支吾吾地说："你们俩没有什么对不起我的地方。"

奇奇生气地大声吼道："你为什么把我们关进石头屋？又为什么装狼叫吓唬人？"

小派心平气和地说："你不用害怕，慢慢说。"

小不点摸了摸脖子，说："小派上次打擂获胜，我们都佩服小派的基本功扎实、知识面广、脑子活。但是……"

奇奇问："但是什么？"

小不点说："我们还不知道小派解决实际问题的能力如何。我和刘金商量，在你们去数学宫的途中，出点难题考考你们。"

小派问："考验完了吗？"

小不点点点头说："我们要考的都考完了。不过，我劝你们不要去数学宫，那可不是什么好玩的地方，宫里有许多机关陷阱，弄不好会被困在里面。"

小派信心满满地笑了笑，说："不怕，我们俩是有充分思想准备的。"

初探数学宫

　　和小不点握手言和之后，小派和奇奇找了个地方住下，并且好好地吃了一顿。第二天，小派和奇奇很早就上路了，两人直奔数学宫，边走边提防刘金来捣乱。还好，两人一路并没有遇到什么麻烦。

　　数学宫占地有两个足球场那么大，金碧辉煌，十分豪华。主体建筑是一座十层大楼，上面盖有一个银白色的圆屋顶，在阳光的照耀下闪闪发光。一楼和二楼之间用霓虹灯组成三个大字——"数学宫"。周围是一个接一个的建筑群。主楼的大门紧闭着，周围静无一人。

　　奇奇小声对小派说："这么大的数学宫，怎么连一个人都没有呀？真有点瘆人！"

　　小派说："小不点不是说过吗？数学宫不是什么好玩的地方。要进数学宫，靠的是数学知识和勇气。走，到门前看看去。"两人小心翼翼地往前走，好像随时会踩到地雷。好不容易来到门口，奇奇用手推了推门，门却纹丝不动。

　　奇奇自言自语地说："也许咱俩来得太早了，人家还没开门呢！"

小派若有所思地摇着头说："听说这座数学宫全部由电子计算机控制，从进门开始就要经受一个又一个的考验。"小派反复仔细地打量着这两扇门。

奇奇不耐烦地说："你看门有什么用？你能把门看开吗？"

小派也不理他，还是一个劲儿地看。没过多久，小派就有了发现："奇奇，你快看，这里有 10 个按钮。"奇奇跑过去一看，门框的外侧从上到下装有 10 个按钮，按钮上写着 0 到 9 这 10 个数字。

奇奇问："按哪个钮才能开门呢？"小派也看着这些按钮发愣。奇奇等不及了，不管三七二十一，用指头捅了一下"0"钮。只听里面响起了动听的音乐，一张纸条从上面轻飘飘地落下来。纸条上写着：

想进数学宫吗？请你把 1 到 9 这 9 个数填进下面 9 个圆圈中，注意：要求被乘数比乘数大。然后按照从左到右的顺序按动相应的按钮，门会自动打开。

○○○ × ○○ = ○○ × ○○ = 5568

奇奇看完纸条说："填这玩意儿要靠运气，碰好了，一下子就填对了。"

小派摇摇头说："不能靠碰运气，要按一定的数学方法来填。"

"那该怎么填？"

小派说："你用短除的方法，把 5568 分解开。"

"这个容易。"奇奇掏出笔和纸做了起来，"分解完了，往下怎样做？"

$$
\begin{array}{r}
2\,\big|\,5568 \\
2\,\big|\,2784 \\
2\,\big|\,1392 \\
2\,\big|\,696 \\
2\,\big|\,348 \\
3\,\big|\,174 \\
2\,\big|\,58 \\
29
\end{array}
$$

"应该按照分解出来的因数，把 5568 写成乘积的形式。"小派接着往下做：

$$5568 = 29 \times (3 \times 2^6) = 29 \times 192$$

小派说："这个式子不能要。"

"为什么不能要？"

"29×192，这里面有两个9，重复了。"小派又往下写：

$$5568 = (29 \times 2) \times (3 \times 2^5)$$

$$= 58 \times 96$$

奇奇说："这个式子里的数字没有重复，可以要。"

"现在肯定还为时过早。"小派又接着往下分解：

$$5568 = (29 \times 2 \times 3) \times 2^5$$

$$= 174 \times 32$$

奇奇眼睛一亮，高兴地说："成了，这两个乘积中的数字没有重复的！"说完兴冲冲地按照589617432的顺序去按按钮。谁知当奇奇按完最后一个按钮时，按钮放射出一股电流，一下子把奇奇打出好远。"哎哟！"奇奇喊了一声，一屁股坐到了地上。

奇奇坐在地上，哭丧着脸说："好厉害，电得我浑身直发麻。"

小派赶紧把奇奇扶了起来，问："怎么样？不碍事吧？"

奇奇活动了一下腰腿，说："倒没什么事。可是我没按错呀？是不是你算错了？"

"我没算错，还是你按错了。你看看这纸条上的排列顺序。"奇奇一看纸条，连声叫苦。纸条上明明写着 $\bigcirc\bigcirc\bigcirc \times \bigcirc\bigcirc = \bigcirc\bigcirc \times \bigcirc\bigcirc = 5568$，奇奇却是按照 $\bigcirc\bigcirc \times \bigcirc\bigcirc = \bigcirc\bigcirc\bigcirc \times \bigcirc\bigcirc = 5568$ 的次序来按的。小派重新按着 174329658 的顺序来按按钮，随着一阵悦耳的音乐声，数学宫的两扇大门慢慢地打开了。

"门开啦！门开啦！"奇奇已经把刚才的疼痛抛诸脑后，高兴得又蹦又跳，拉着小派一阵风似的跑进了数学宫。

啊，里面漂亮极了！一进门是用红色大理石修成的大厅，上方悬挂着一盏十分精致的水晶灯。水晶灯变换着发出各色光束，整个大厅也随之不断地改变着颜色，给人一种神秘的感觉。

忽然，奇奇指着地面说："多怪呀！小派，你快看，这铺地的方砖上有许多亮点。"小派低头一看，每当水晶灯的光束照到地面的时候，方砖上显露出数目不同的亮点。

"这些亮点是什么意思？"

小派摇摇头说："不知道，需要仔细观察。"小派掏出笔和小本，边观察边在本子上记着什么。过了一会儿，奇奇伸头一看，小派在本子上已经画好了一个图。

"这究竟是什么？"

"是四阶幻方。我用阿拉伯数字写出来就清楚了。"说着，小派又画了一张图，中间写上阿拉伯数字，有多少亮点，就写上相应的数字。

7	12	1	14
2	13	8	11
16	3	10	5
9	6	15	4

"幻方？老师上课没讲过呀！"

"课本上没有，我是从课外书上看到的。"

奇奇对幻方很感兴趣，他对小派说："给我讲讲好吗？"

小派说："这个四阶幻方，不管你把横着的 4 个数相加，还是把竖着的 4 个数相加，或者把斜着的 4 个数相加，其和都是 34，这叫作幻方常数。"

奇奇等小派说完，在大厅里转了一圈，对小派说："这个大厅有两个形状不同的门，咱俩进哪个门？"

小派说："需要仔细考察一下。"

第一个门是长方形门，横着的门框上写着"2"，立着的门框上写着"17"。

"什么意思？"奇奇搞不清楚。小派看了看，也直皱眉头。一个2，一个17，究竟是什么意思？是密码，还是暗号？

第二个门是个圆门，圆门的半径写着15。奇奇等不

及了，推开圆门就往里闯，小派一把
没拉住，奇奇已经进了门，小派也只
好跟着走进了圆门。只听哐当一声，
身后的圆门又自动关上了。

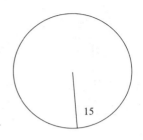

圆门外是个花园，绿树成荫，一
条弯曲的小径通往林荫深处。小路两边盛开着绚丽的花
朵，美丽的小鸟在枝头跳跃歌唱。奇奇深深吸了一口充
满花香的空气，高兴地说："数学宫是个鸟语花香的好
地方。"两人沿着小路有说有笑地往前走。

小派似乎想到了什么，忽然说："咱俩不应该进圆门，
应该进长方形门。"

"为什么？"

"你想啊，地面上的四阶幻方不会是白写的。我心算
了一下，圆门不论是周长还是面积都和四阶幻方常数 34
无关。只有长方形的面积是 34。"

奇奇不信，美滋滋地说："咱们进了圆门不就进了数
学宫吗？"正说着，两人远远看见前面有一座 10 层大楼，
银白色的屋顶在阳光下闪闪发亮，由霓虹灯组成的"数学
宫"三个大字灿烂夺目。

奇奇惊愕地说："怎么回事？咱们什么时候走出了数
学宫，跑到外面来啦？"

知识点 解析

有趣的短除法

　　故事中，奇奇用短除法分解了5568。短除法是分解质因数的一种重要方法。它可以用来求最大公因数，也可以用来求最小公倍数，还可以用来分解质因数。例如，把30分解质因数，步骤如下：

$$
\begin{array}{r|l}
2 & 30 \\ \hline
3 & 15 \\ \hline
 & 5
\end{array}
$$

……先除以质数2
……再除以质数3
……除到商是质数为止

　　最后将每个除数和最后的商写成连乘形式：30 = 2×3×5。

　　用短除法求出60和42的最小公倍数。

再探数学宫

　　小派、奇奇好不容易才进了数学宫，但由于奇奇错进了圆门，两人不知不觉又从旁门走了出来。

　　奇奇懊丧地说："真倒霉！咱俩又绕出数学宫了。"

　　小派笑着说："别灰心，咱俩既然能绕出来，就能再绕进去。"

　　"对！咱俩在弯弯绕国里来个绕弯弯。"两人边说边笑，又来到了正门。

　　奇奇问："小派，你还记得开门的号码吗？"小派摇摇头。奇奇说："那只好再算一遍了。"根据上次的经验，开门应该先按门框上的按钮。奇奇按了下"0"钮，等待着里面响起动听的音乐，然后从上面飘下纸条来。不知怎么搞的，这次听到的不是美妙的乐曲，而是巨大的咚咚声，由远及近。奇奇还没弄清楚是怎么回事，大门打开了，里面走出一个高大的机器人，它每走一步都发出咚的一声巨响。

　　机器人对奇奇说："你找我有什么事？"

　　"我找你？不，我没找你。我想进数学宫，忘记进门的密码了。"可以看出奇奇心里挺害怕。

机器人说："进门的密码是不断变化的，上次的密码这次不管用啦！"

奇奇小心地问："这次进门的密码，我到哪里找啊？"

"密码就在我胸前。"说着，机器人拉开前胸的盖子，里面出现一排 10 个红灯，有的亮，有的不亮。

机器人说："如果你能正确辨认出我胸前的密码，就能平安进宫。如果认不出来或认错了，我就把你扔出去。"说着，机器人把大手一张，就要来抓奇奇。

"小派救命，小派救命！"奇奇双手捂着脑袋，一个劲儿地叫小派。其实，小派早就站在他的身后了。

小派对机器人说："没问题！"机器人见小派答应了它提出的条件，就安静地站在那里。小派和奇奇仔细地观察着这 10 个红灯。

奇奇小声对小派说："这里只有 10 个红灯，哪有数字啊？"

小派正在低头琢磨什么，慢慢地说："弯弯绕国是个数学水平很高的国家，咱们考虑问题应该把面想得宽一些。"奇奇没什么办法可想，搓着双手来回走着。

"奇奇，我想起来啦！"小派说，"10 个红灯，有的亮，有的不亮，它可能表示的是二进制数。"

"可能？如果说得不对,机器人可要把咱俩扔出去了,谁也别想活,你可别开玩笑!"

小派笑着说:"你踢球的劲头到哪里去了? 你往后靠,机器人要扔就扔我。"

"开个玩笑嘛。"奇奇问, "这红灯怎么能表示二进制数？"

"二进制数只有0和1两个数字。红灯只有亮和不亮两种状态, 每种状态都表示一个数字。"

"那一定是亮表示1,不亮表示0喽!"

小派点点头说: "你说得对! 十进制数是逢十进一, 而二进制数是逢二进一。我给你列个表就清楚了。"说着, 小派画了个表。

二进制数	1	10	100	1000	10000	100000	1000000……
十进制数	1	2	4	8	16	32	64……
计算方法	2^0	2^1	2^2	2^3	2^4	2^5	2^6……

"噢,我明白了。二进制数中有几个0,换算成十进制数就是2的几次幂。"

小派指着红灯说: "你按从左到右的顺序,把机器人胸前的二进制数写下来。"

"亮，不亮，亮，亮，不亮，亮……"奇奇写出的结果是 1011011100。

"你把它再换算成十进制数。"

"从右往左数，第十位上是 1，它等于 $2^9 = 512$；第九位是 0，就不用算了；第八位、第七位都是 1，它们分别等于 $2^7 = 128$，$2^6 = 64$；同样，第五、四、三位上是 1，各等于 $2^4 = 16$，$2^3 = 8$，$2^2 = 4$。最后把这些数相加：$512 + 128 + 64 + 16 + 8 + 4 = 732$。"

"算出来了，得 732。"奇奇非常激动，跑到大门边用力按了 7，3，2。一阵悦耳的乐曲声过后，大门又徐徐地打开了。

机器人说："请进，数学宫的大门，永远向数学爱好者敞开！"小派、奇奇迈着大步走进了数学宫。

进宫一看，地上的四阶幻方没变，他们俩便来到长方形门前。

"四阶幻方常数是 34，准是进这个门。"小派开门就往里走。奇奇不放心，在后面喊："先别进去！探头看看，是不是又出去啦？"

"奇奇，快来看，这里面有许多小朋友。"奇奇进门一看，一群孩子正在机器人阿姨的带领下做游戏。孩子们看见小派和奇奇进来了，就拍着手喊："欢迎两位大朋友和我们一起做数学游戏。"孩子们拉着小派、奇奇围成一个圈儿，大家拍着手，一个小女孩和着拍子在圈里边跳边唱：

一二三四五，上山打老虎。

老虎不吃人，专抓小笨球。

歌声一停，小女孩一把抓住了奇奇，孩子们欢呼着："抓到喽！抓到喽！"

奇奇心想：既然被人抓住了，就痛痛快快地表演个节目好了。奇奇不大会唱歌，张嘴学了几声狗叫，叫完就走。谁知机器人阿姨不答应，指着墙上的几个大字说："你看，这里是数学游艺会，所有的活动都要和数学挂上钩才行。学几声狗叫怎么能成？"

奇奇心里暗暗叫苦：我这几声狗叫算是白学了。奇奇说："可是，我除了学狗叫，不会表演别的呀！"

机器人阿姨说："这样吧，我出个数学问题，你如果能解出来，也就代替表演了。"没有别的办法，奇奇只好答应。

机器人阿姨找出 49 个小朋友，每人胸前都贴上一个号码，号码从 1 到 49 各不相同。

机器人阿姨对奇奇说："请你从中挑选出若干个小朋

友，让他们排成一个圆圈，使任何相邻两个小朋友的号码的乘积小于 100。请问最多能挑选出多少个小朋友？"

奇奇一下子犯了难，抓耳挠腮，不知从何处下手。当着这些小朋友的面，他也不好意思开口说"不会"二字，只好向小派投去求助的目光。

小派当然心领神会了，说："这样吧，我的这位同学表演了一个节目，这个问题由我来做，行吗？"机器人阿姨点了点头。

为了使奇奇能学会这种做法，小派边做边说："由于两个十位数相乘要大于或等于100，因此，任何两个十位数都不能相邻。"

奇奇一看小派出面来做，又来了精神。他对小朋友说："这可是关键！"

小派说："从 1 到 49 只有 9 个个位数，把这 9 个个位数围成一个圆圈，每两个个位数之间插入一个十位数，最多插入 9 个，合起来共 18 个。"

奇奇宣布：："最多能挑出 18 个小朋友。哈哈，解决了！"

机器人阿姨对小派说："你能正确回答出这个问题，说明你有能力继续在数学宫内探索，你进北门吧。"

奇奇赶紧问："我呢？"

机器人阿姨说："你的数学水平还比较低，留下来继续和小朋友做数学游戏吧！"

"啊？"奇奇瞪大了眼睛，张着嘴巴，哭笑不得。

只身探索

小派也想说几句，可是机器人阿姨不容分说，用有力的双手把小派推进了北门。咣当一声，门自动关上了。

小派真不放心奇奇，他用力拉门，高喊："开门，开门。"可是，门被关得死死的，只听到门那边的小朋友又唱起了儿歌：

一二三四五，傻子不识数。
五四三二一，捉住老母鸡。

接着又是一阵"噢，抓住喽！抓住喽"的叫好声和拍手声。

"唉！"小派无奈地叹了口气，心想：他们又在给奇奇出难题了。小派等了好一会儿，也不见奇奇出来。没办法，他只好先往前走。

这间屋子不大，布置也很简单，四面是白墙，中间只有一张桌子和一把椅子。小派觉得有点累，一屁股坐在椅子上。谁知唰的一声响，对面墙上出现了一个巨大的荧光

屏，一位白发苍苍的老爷爷微笑着对小派说："你找我有什么事啊？"

"我……"小派心想：我没找这位老爷爷啊？小派低头一看，见桌子上写着一句话：

如有数学问题想请教数学老博士，请坐在这把椅子上。

小派灵机一动，问道："我有位同学被关在南面那间屋子里，您有办法使我们见面吗？"

"噢，"老博士笑着说，"我可以肯定地说，你那位同学的数学不是很好，他还不会有什么困难的数学问题来问我。"

"可是，我们两个是一起来的，我怎么可以把他一个人扔下呢？"

"小伙子，你给我出了道不是数学的难题呀！"老博士摇摇头说，"学习要靠自己，别人是代替不了的。我只能帮助你回到南面的房间去，没办法让你的同学到这间屋子来。"

小派高兴地说："我回去也成啊！"

老博士指了一下南门，说："你看，南门上有一把钥匙，你用手指一次把它画出来。手指中途不许离开，所画的纹路不能重复。如果你画得合乎要求，南门会自动打开。"

小派回头一看，南门上果然映出一把巨大的钥匙。

"从哪个点入手画呢?"小派望着钥匙认真思索着。他低头在纸上画了几个简单的图形,因为他知道,研究任何事物总是从简单到复杂,先要从简单的事物中寻找规律,再去解决复杂的问题。

小派随手画了一个风筝形（图①）,他从 *B* 点入手画,按着 $B \to A \to E \to C \to D \to E \to B \to C$ 的顺序来画,一笔画成,中间没有重复。他又试着从 *A* 点出发,可是他怎么画也不能无重复地一笔画出来。

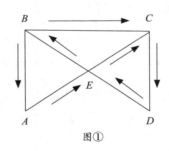

图①

小派又画了一个长方形,连接它的两条对角线（图②）。小派不管从哪个点出发,也不能无重复地一笔画出来。

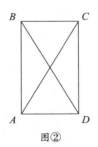

图②

小派接着画了一个品字形（图③）。他发现不管从哪个点出发，总可以不重复地一笔画出来。

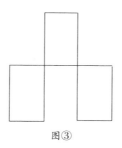

图③

小派看着这三个图，认真观察每个图、每个点的特点。忽然，他恍然大悟，疾步奔到南门，用手指从钥匙上的 A 点出发，先画出中间差不多整个小圆，再画出锯齿形花瓣，又往下画出钥匙身，最后画出差不多整个大圆后到了 B 点。他一笔画成，中间没有重复。

小派刚画完，南门就自动打开了。小派正想迈腿出去，只听老博士在后面喊："同学慢走。钥匙上那么多点，你为什么偏偏选择从 A 点开始画、B 点终止呢？"

小派拿出自己画的三张图，说："从这三张图中我发现，图中的点有两种：一种是偶点，从偶点引出的线有偶数条；一种是奇点，从奇点引出的线有奇数条。我还发现，如果一个图中只有偶点，比如品字形图中都是偶点，这样的图不管从哪个点出发，总可以不重复地一笔画出来。"

"很好！"老博士点点头说，"如果图中有奇点呢？"

"如果只有两个奇点，比如风筝形中的 B 点、C 点，可以从一个奇点入手，到另一个奇点终止，不重复地一笔画出来。"

"如果奇点多于两个呢？"

"奇点多于两个，不可能一笔画出来。根据这些规律，我观察到钥匙中只有 A、B 两点是奇点。我就从 A 点出发，到 B 点终止，一笔画了出来。"

老博士高兴地说："你具有的观察和分析能力，将使你在学习上有长足的进步。预祝你成功！"

"谢谢！"小派大步跨进南屋寻找奇奇。机器人阿姨还在领着小朋友做数学游戏，可是奇奇不见了。

小派忙问："小朋友们，我的伙伴哪里去了？"

一个梳着小辫的女孩说："你的伙伴只能回答出一个简单的数学题，机器人阿姨把他送出南门了。"

"谢谢你！"小派直奔南门跑去，南门一推就开了，进门后是通往地下室的楼梯。小派顺着楼梯往下跑，边跑边喊："奇奇，你在哪儿？"他跑到地下室打开门一看，里面黑洞洞的，挺吓人。小派向里面小声喊了几声，没人回答，只听到里面有一种微弱的特殊声音。

"坏了，奇奇丢了！出事了？"小派心里一急，又沿着楼梯跑了上去，一拉门，却怎么也拉不动。这可怎么办？小派坐在楼梯上歇歇，尽量使自己冷静下来。他认真思考着刚刚发生的一切：刚才回答我问题的小女孩，看她那天真烂漫的样子不像在骗我。可是，奇奇真的下到地下室了吗？为什么我叫他，他不答应呢？地下室为什么不亮灯呢？那种特殊声音又是什么？不成，我还要下去找找，也许地下室在构造上有什么特殊的地方。

小派又跑下楼梯，发现地下室的门口没有电灯开关。他站在门口向里面喊了两声，里面有点动静。小派又往前走了几步，大声喊："奇奇，你在哪儿？"

"小派，我在这儿！"两个人在黑暗中摸索着，终于手碰到了手。

小派问："我刚才叫你，你怎么不答应啊？"

奇奇委屈地说："我在黑洞洞的地下室待了好半天，刚才好像听到你在叫我，不过声音很小，我还以为是幻觉呢！"

"你到地下室时，里面就是黑洞洞的吗？"

"不，里面挺亮。我是走到一个地方，灯才忽然熄灭的。"

"这间地下室大吗？是什么形状的？"

"屋子很大，是椭圆形的，四周有壁画，漂亮极啦！"

"你大概走到什么地方，灯才忽然熄灭的？"

"在中间靠里一点的地方。"

小派思考着、分析着。突然，他往门口走去，在楼梯口附近来回地走。当他的脚踩到一个地方时，灯一下子全亮了。

"太好啦！太好啦！"奇奇高兴得跳起老高。

奇奇问："怎么你跑到门口走了几圈，灯就亮啦？"

"一切奥妙都在这个椭圆的结构上。"小派在纸上画了个椭圆，说，"椭圆有 F_1 和 F_2 两个焦点，椭圆有个奇妙的性质，就是从一个焦点 F_1 发出来的光或声音，经椭圆的反射，都集中到另一个焦点 F_2 上。"

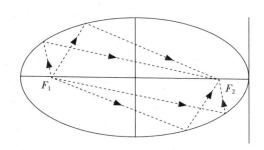

小派指着楼梯说："你看，楼梯口正好修在一个焦点上。我在楼梯口喊你，由于屋子比较大，咱俩又离得远，

所以直接传到你耳朵里的声音很弱。而反射的声音，经椭圆形墙壁的反射，都集中到另一个焦点上了。如果当时你恰好在另一个焦点上，你会听得很清楚，不然的话，就听不太清楚。"

"除了墙壁反射声音，还有屋顶和地面哪！"

"你看，屋顶上镶嵌着一层浅绿色的天鹅绒，地面铺着地毯，这些东西反射声音的效果都很差，主要还是靠墙壁反射。"

"灯光又是怎么回事？"

"开灯的按钮装在楼梯口这个焦点上，关灯的按钮装在另外一个焦点上，但它们都藏在地毯下面，只有踩上了才起作用。"

"你刚才找我时，为什么没踩上？"

"由于太黑，我是扶着楼梯的扶手下来的，没踩在焦点上，所以灯没亮。哎，奇奇，你刚才在屋里干什么呢？"

"我能干什么？无非是到处瞎摸呗。"

"这么说，我刚才听到的声音，是你在地毯上走动的声音。"

奇奇拉着小派要往外走，说："趁着灯光还亮，咱俩赶紧上楼回去吧。"

小派摇摇头说："我试过了，门打不开，回不去。"

"可是,这里没有第二个门,难道咱俩只能待在这儿?"

小派不着急,不搭话,只是一心一意地欣赏壁画。奇奇急得直跺脚,问:"你还有心思看画?"

小派不慌不忙地说:"想找到门,只能从画上着手。"

知识点 **解 析**

有趣的一笔画

一笔画的规律:只有图形中奇点是 0 个或 2 个,才可以一笔画成。

图1

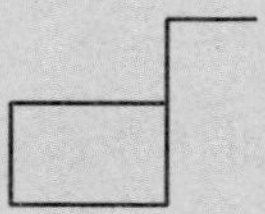

图2

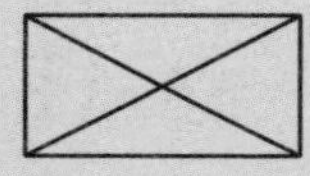

图3

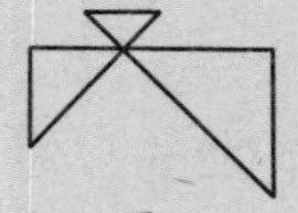

图4

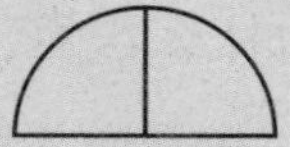

图5

图6

	奇点的个数	偶点的个数	能否一笔画
图1	0	5	能
图2	2	4	能
图3	4	1	否
图4	0	7	能
图5	2	2	能
图6	4	4	否

一笔画的画法：当一笔画图形都是偶点时，可以以任意一个偶点为出发点，再回到原点；当一笔画图形有 2 个奇点时，必须以一个奇点为起点，以另一个奇点为终点。

考考你

请你判断一下，下面几幅图中，哪些能一笔画成？

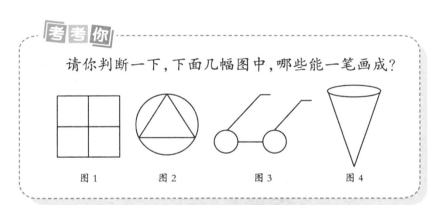

图 1   图 2   图 3   图 4

画　谜

　　小派仔细观察后，发现这里的每一幅壁画都是一道数学题。其中有一幅画引起了小派的注意，这幅画的名字叫"胖小孩送信"。画上是一个胖胖的小孩，手里拿着一大摞信。画上写着一行字，要求胖小孩从 A 点出发，沿图上画的道路往每家送一封信，最后进入位于 B 点的大门，要求所走过的道路不重复。

小派对奇奇说："你如果能按图上的要求，用手指从A画到B，门自然就会有了。"

"真的？"奇奇不大相信。

"你就画吧，画法还不止一种呢。如果画得对，就一定能画出这个门来。"小派已经有经验了。

奇奇看了一眼，抬手就要从A点往9号住宅画。小派赶紧喊："慢着，你往9号住宅画，往下怎么画，你心中有数了吗？"

奇奇满不在乎地说："走一步算一步呗，天无绝人之路，有道是'山重水复疑无路，柳暗花明又一村'嘛！"几句挨不着边的话，弄得小派哭笑不得。

"从A到9肯定不成！"

"为什么？"

小派指着图说："如果从A先到9，要送信到B，必然会走重复的路。"

"是那么回事。那就从A先往10送信吧。"本来这条路就不难走，奇奇很快从A画到了B，走的路线是A→10→11→8→5→6→9→7→4→2→1→3→B。

奇奇刚画完，这幅画就慢慢地升了上去，原来画的后面有个门。奇奇冒冒失失地拉着小派抬腿进了门。里面是弯弯曲曲的小胡同，两个人一前一后，顺着小胡同走啊，走啊，也不知走了多远，前面又出现了一个门。奇奇快步迈了进去，小派也跟着进了门，只听一声响，这扇门自动关上了。两个人向四周一看，愣住了——转了半天怎么又转回到椭圆形地下室了？

"咳！这是成心绕人玩！"奇奇生气地一屁股坐到了地毯上。

小派琢磨了一下，说："弯弯绕国安排这么个门，也许是想告诉人们一个哲理。"

"什么哲理？"

"你刚才画出的那个路线，是非常容易的。但是，在数学上想专挑容易的问题来做，不想花力气，只想找窍门，就会像咱俩所走的道路一样，最后只是无功而返，不可能前进一步！"

"你说的也有点道理，"奇奇点点头说，"这次咱俩专找有难度的问题来做，你看怎么样？"

"好的。"小派和奇奇又仔细端详起这些壁画。他们看了一遍又一遍，却什么门也没发现。

"没门儿呀！"奇奇说了句一语双关的话。

小派在一幅画前停住了。奇奇走过去一看，画上是几个队员在踢足球，只见一个队员拔脚怒射，球平着向右飞出去，至于球飞向哪儿，画上可没有画出来。

小派回头问奇奇："这幅画上正赛足球，你这个足球迷为什么不过来看看？"

"射门的队员距离球门大约25米，这是个'平射炮'，直奔大门飞去。"奇奇以内行的口吻评论着这个踢球动作。

"你敢保证这是射门动作？"

"凭我专业人士的眼光，这绝对没错，传球没有这样踢的，肯定是射门！"

小派笑着说："这下就有门了嘛！"

"可是门并没有画出来呀！"

"画出来，你就容易找到了。看来这个球门需要咱俩好好找一找。"小派顺着球飞出去的方向细心寻找球门。

右边第一幅画，画的是一棵不知名的小树，小树上面没有树冠，可是枝杈挺多；第二幅画的是两只小鸭子；第三幅画的是一个小孩领着一条狗……没有球门哪！

突然，奇奇喊道："小派，你快看，这儿有字！"小派跑过去一看，不知名的小树下面写着几行很小又很模糊的字：

这棵小树生长新枝是有规律的，它刚刚长出了一茬新枝，并且每个老枝和新枝上都结了一个小红果。一个足球不知从哪里飞来，像刀削一样把最上面一层的老枝、新枝和小红果都碰掉了。你一定要问小红果跑到哪里去了，如果能算出小红果的个数 m，从这幅画向右数，第 m 张画上有个球门，足球和小红果都在球门里。

奇奇高兴地说："这回可有门儿了。咱们就算算小红果有多少个吧！可是，怎么个算法呢？"

"关键是找到这棵小树生长的规律。咱俩来个比赛吧！看谁能先找到这个规律。"小派和奇奇目不转睛地看着这棵无名小树。

没看多久，奇奇忙说："我观察出来啦！"

"什么规律？"

"每长一根新枝，必然要长一片新叶。"

"咳！你找的是生物规律，咱们要找的是数学规律。"

两个人又看了一会儿，奇奇忍不住了，小声问小派："你看出什么数学规律没有？"

"我观察出一个规律，你看对不对？"小派在纸上画了张草图，又画了几条水平虚线，在旁边写上树枝的数目：1，2，3，5，8，？。

小派指着图说："如果能算出被削掉的最上面一层树枝数，就可知道小红果的数目 m 了。"

奇奇摸着脑袋说："前三个数是 1，2，3，挺有规律，忽然缺少个 4，有了 5，又缺 6 和 7。这缺三少四的，怎么找规律呀？"

小派说："$1+2=3$，$2+3=5$，$3+5=8$，$5+8=13$。向右数第 13 张画就能找到球门了。"

奇奇向右数画，数到第 13 张，哪里有球门？哪里有足球和小红果？画上画的是一个小孩坐在计算机前，正要用手往下按一个红色电钮。

"没有球门？"小派边想边用手按了一下红色电钮。真怪！这幅画转了个 180°——原来在画的后面还有一幅画，画的是一个足球门，门里有一个足球和 13 个小红果。接着这幅画往上升，露出个门来。奇奇这个冒失鬼见有了门，低头就往门里钻。不料上身刚钻进去，只听咚的一声响，奇奇又马上抽身出来了。小派见奇奇脑袋上撞起一个小包。

"我的妈呀！谁知道这里还有一道门。"不过，奇奇这一脑袋，撞亮了里面的一盏灯。小派探头往里一看，见门上画了两幅画，一幅是一个人在吃兔子，另一幅是一大群兔子在咬人。两幅画中间还画了个大问号，门的下半部分写了许多字：

700 多年前，意大利数学家斐波那契提出了个"兔子生兔子问题"。问题是这样的：从前有个人把一对小兔子放在一个围栏里，想知道一年后有多少对兔子生出来。他是按着一对大兔子 A 一个月可以生出一对小兔子 B，再经过一个月，一对小兔子 B 可以成长为一对大兔子 A 的规律来计算的。你来算算一年后围栏里一共有多少对兔子。照这样的速度繁殖兔子，10 年后，到底是人吃兔子呢，还是兔子吃人？如果你能正确地回答出上述问题，一个更加美妙的世界在等着你！

奇奇摇摇脑袋说："这弯弯绕国尽提些稀奇古怪的问题，连'人吃兔子，兔子吃人'也成了问题。谁见过兔子吃人？真新鲜！"

"刚才计算小红果的数目，现在计算兔子生兔子问题，我看都是在用数学方法研究某些生物的生长规律，我觉得挺重要。"

"一会儿大兔生小兔，一会儿小兔又长成大兔，越生越多，越多越乱！"奇奇有点不耐烦了。

"生兔子和无名树生长，我看是一个问题。生兔子的规律也可以通过画图来寻找。"说着，小派在无名树生长图旁边又画出一个兔子生长图。

奇奇在一旁看出了一点门道："哎，这每长出一根新枝，就相当于新生一对小兔子，旁边的数字完全一样啊！"

"按照后面一个数都等于前两个相邻数的和，你算算12个月后这个围栏里有多少对兔子。"小派说。

"这个好算，"奇奇用口算，"5 加 8 等于 13，13 加 8 等于 21，21 加 13 等于 34……89 加 144 等于 233。算出来啦，一共有 233 对兔子。"

小派说："可真不少啊！第二年就有 4 万多只兔子，而且越往后增加得越快。"

"照这么说，将来一定是兔子吃人啰！听说澳大利亚过去没有兔子，后来人们从外面带去了几只兔子。这些兔子在良好的环境下繁殖得特别快，后来澳大利亚的兔子就成灾啦！"奇奇还真知道不少事儿。

小派摇摇头说："兔子生长得再快，也不会对人类构成很大的威胁。兔子本身要死亡，人类完全可以控制兔子的繁殖，不会是兔子吃人的。"小派话音刚落，这道门就自动打开了。啊！里面是一间闪闪发光的金屋子。

知识点 解 析

斐波那契数列

故事中提到的兔子繁殖问题，也称为斐波那契数列问题。斐波那契数列指的是这样一个数列：1，1，2，3，5，8，13，21，34，55，89，144，233……，即前两项都为1，而从第三项起，每一项是其前两项之和。

斐波那契数列包含了太多的奥秘，在自然界中，螺线、花瓣、松果、向日葵中，都能发现斐波那契数列的存在。这究竟是一种巧合，还是存在某种必然联系，还有待于我们去探索。

考考你

有一列数：1，1，2，3，5，8，13……，那么该数列的第100项与前98项之和的差是多少？

金屋子里的奥秘

两人跑进金屋子一看，嗬，里面全是金子制成的！墙壁是金的，窗户是金的，桌子和椅子是金的，连地面也是金砖铺的。屋子正中的墙上镶嵌着一块金牌，上面写着三个大字——"黄金屋"，下面还有几行小字：

黄金屋里的所有物品和建筑都跟黄金数有关，如果你能把屋里的黄金数都找到，将会出现一架金梯子。顺着这架梯子，你将登上数学宫的最高层。

奇奇看完牌子说："得，进了黄金屋还要找黄金数。我连黄金数是多少都不知道，到哪里去找啊？我这个足球迷，现在是英雄无用武之地喽！"

"眼看就要闯出数学宫了，你怎么打起退堂鼓啦？"奇奇问："你知道什么是黄金数吗？"

"我知道黄金分割，黄金数也从书上看到过。可是时间一长，把黄金数给忘了。"

"好嘛，你都忘了，我更没辙了。咱俩就在这高级金屋子里待着吧！"奇奇坐在椅子上直喘粗气。

"既然每件物品上都有黄金数，咱们具体量量不就能量出来吗？"说着，小派开始动手测量金椅子面的长和宽，长是 1.9 尺，宽是 1.174 尺，接着做除法：

$$1.174 \div 1.9 \approx 0.618$$

"啊，我想起来了！黄金数约等于 0.618。不信，我再给你量量这扇长方形窗户的宽和高。"宽是 3.09 尺，高是 5 尺：

$$3.09 \div 5 = 0.618$$

小派说："我还记起了著名天文学家开普勒的一句名言——'勾股定理和黄金分割，是几何学的两大宝藏'。"

"既然知道了黄金数，咱俩就动手找吧。"奇奇和小派把屋子的长和宽、屋门的长和宽、铺地金砖的长和宽都量了一下，发现它们的比都是黄金数。

奇奇好奇地问："每件物品都按黄金数来设计，有什么好处？"

　　小派说："2000多年前，古希腊人非常重视黄金分割，他们认为只有符合黄金分割的建筑才是最美的建筑。"

　　小派指着一尊金的人体塑像说："古希腊数学家还认为人体中含有许多黄金数。比如从肚脐到脚底的距离与从头顶到脚底的距离之比是0.618；从头顶到鼻子的距离与从头顶到下巴的距离的比也是0.618。"奇奇实地测量了一下塑像，果真如此。

能够量的都量了，能找的都找了，最后剩下的两件物品可把小派和奇奇难住了。一件是圆圆的金桌面，另一件是一盆金枝金叶的金花。

小派心想：这圆里也有黄金分割吗？这盆花里也藏有黄金数？

奇奇用尺子把枝高、叶长、叶宽量了个够，也没算出0.618来。奇奇又累又气，趴在圆桌面上休息。

突然，奇奇大叫了一声，说："怪！怪！这圆桌面上还有奥妙啊！小派，你快跳下来看。"

小派趴在桌面上斜着一看，桌面的中心引出三条半径，把圆分成三个扇形。这三个扇形的顶角分别写着137.50776°、137.50776°和84.98448°。

"这是什么意思呢？"小派琢磨着。

"这些角度一定和黄金数有关，不信，咱们除除看。"说着，奇奇做了个除法。

$$84.98448° \div 137.50776° \approx 0.618034$$

"你瞧! 这不是出现 0.618 了吗?"

"好极啦!"小派用力拍了一下奇奇的肩头, 说, "奇奇, 真有你的! 圆里的黄金数也被你找到了。如果把 137.50776° 所对的圆弧长定作一个单位长, 那么 84.98448° 所对的圆弧长就近似为 0.618 个单位长。"

奇奇指着金花说: "就剩下这盆高贵的金花了, 它的黄金数又藏在哪儿呢?"奇奇和小派围着这盆花转了一圈又一圈, 仔细地观察着。

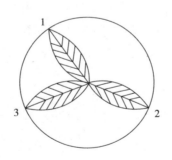

奇奇半开玩笑地说: "这弯弯绕国可真厉害, 你不想绕圈都不成。"小派听了奇奇的话忽然站住了, 他把花端到了地上, 然后从上往下看。

奇奇奇怪地问: "你这样看, 能看出什么名堂?"

"奇奇, 你从上往下看。你看这叶子间所夹的角和圆桌面上的半径所夹的角多么相似。"

"真的？我来量量。"奇奇量了一下，说，"没错！1号叶与2号叶、2号叶与3号叶之间的夹角差不多是137.5°，而3号叶与1号叶之间的夹角大约是85°。"

"这么说来,这叶子是按照黄金分割的规律生长的了。"

奇奇问："按黄金分割来长叶子,有什么好处？"

"这我可说不清楚,我想可能和获得阳光的多少有关系。"小派把花端到花盆架上。

随着一阵美妙的乐曲,天花板打开了一道缝,一架金光闪闪的梯子放了下来,可是当梯子离地还有两人高的时候,忽然停住了。梯子腿上垂下一个小木牌,木牌上有6个圆圈和一个问题:

○○○○○○

一位农民种橘树,收完橘子,将2520个橘子分给6个儿子。橘子分完后,要求老大把分到的橘子拿出 $\frac{1}{8}$ 给老二;老二拿到后,连同原来分到的橘子,拿出 $\frac{1}{7}$ 给老三;老三拿到后,连同原来分到的橘子,拿出 $\frac{1}{6}$ 给老四;老四拿到后,连同原先分到的橘子,拿出 $\frac{1}{5}$ 给老五;老五拿到后,连同原先分到的橘子，拿出 $\frac{1}{4}$ 给老六；老六拿到后，连同原先分到的橘子，拿出 $\frac{1}{3}$ 给老大。经过这样相互一给，结果大家手中的橘子一样多。请把原来每人分到的橘子数，从老大开始从左到右依次填到圆圈里，金梯就会降下来。

奇奇皱着眉头说："这不是成心难为人吗？题目也不告诉原来老爷子是怎样分的橘子，每人分到了多少，然后哥儿六个就开始送橘子，你拿出几分之一送给我，我再拿出几分之一送给他，送得乱七八糟，谁知道原来每人分到了多少个橘子？"

"要是知道了每人分到多少个橘子，还用咱俩算？"小派笑着说，"到了弯弯绕国想不绕弯是不可能的。"

奇奇无可奈何地摸了摸自己的脑袋，说："那咱俩就绕吧！从哪儿绕起呀？"

小派说："这个问题的特点是，尽管中间过程比较复杂，但是结果非常简单，每人分到的橘子都一样多，都是 $2520 \div 6 = 420$（个）。"

"对！解决问题就应该从最简单的地方入手去考虑。"奇奇说，"但是，往下还是乱七八糟，我还是没办法。"

小派想了想，说："像这类已知最后结果的题目，常使用反推法来解。"

"你就用反推法试试。"

小派开始解："由于最后每人所得的橘子数相同，所以每人得 $2520 \div 6 = 420$（个）。下面先求老大原来分得多少。在求每人原来有多少橘子时，要从最后结果中去掉别人给的橘子数，还要找回给别人的橘子数。"

"是这么个理儿！"

"老六的 420 个橘子是分给老大 $\frac{1}{3}$ 后剩下的，在分给老大之前有 $420 \div \frac{2}{3} = 630$（个）橘子，他给老大的橘子是 $630 \times \frac{1}{3} = 210$（个）。"

"有戏！老六给老大的橘子数求出来了，是 210 个。"

小派继续算："老大在得到橘子之前有橘子 $420 - 210 = 210$（个），这 210 个是老大分给老二 $\frac{1}{8}$ 后剩下的，所以老大原来分到的橘子数是 $210 \div \frac{7}{8} = 240$（个）。"

奇奇高兴地说："好啊！老大原来的橘子数求出来了，是 240 个。行了，剩下的求老二、老三、老四、老五、老六所分得的橘子数我全包了。"

奇奇撸了撸袖子："老二从老大那儿得到 $240 \times \frac{1}{8} = 30$（个），老二得到 30 个橘子后又把 $\frac{1}{7}$ 给老三，分完后老

二有 420 个橘子。老二在没给老三之前有 420 ÷ $\frac{6}{7}$ = 490

（个），除去老大给的 30 个，老二原来有 460 个橘子。"

"好！"小派给奇奇加油。

奇奇一鼓作气，算出了老三 434 个、老四 441 个、老五 455 个、老六 490 个。

小派说："快把这些数填进圆圈中。"奇奇依次把 240，460，434，441，455，490 这六个数填了进去。

刚刚填好，金梯子就放到了地面。奇奇在前，小派在后，两人高兴地边往上爬边喊："我们终于登上最高层喽！"

知识点 解析

黄金分割

黄金分割指一种数学比例关系：

如上图，点 C 把线段 AB 分成两条线段 AC 和 BC，如果 $\dfrac{AC}{AB} = \dfrac{BC}{AC}$，$\dfrac{AC}{BC} = \dfrac{AB}{AC}$，$AC^2 = AB \cdot BC$，那么线段 AB 被点 C 黄金分割，点 C 叫作线段 AB 的黄金分割点，AC 与 AB 的比叫作黄金比。$\dfrac{AC}{AB} = \dfrac{BC}{AC} = \dfrac{\sqrt{5}-1}{2} \approx 0.618$。

考考你

人体下半身的高度与身高的比例越接近 0.618，越具有美感。某女士身高 1.73 米，下半身为 1.06 米，她穿多高的高跟鞋能让自己看起来更美呢？

游野生动物园

小派和奇奇上楼一看，布直首相正坐在一张摆满了鸡鸭鱼肉的大桌子前等着他们呢。

布直首相笑眯眯地说："二位一路辛苦，快坐下来吃饭。"三人分宾主坐定，开始用餐。

布直首相问："数学宫挺有意思吧？"

小派说："很有意思。游了一次数学宫，我们长了不少见识。"

奇奇问："这么大一座数学宫，要用多少人来管理？我怎么连一个服务人员也没看见哪？"

布直首相笑着说："哪里有什么服务人员？整个数学宫全靠它来控制。"布直首相向后一指，后面的一扇小门打开了，里面一个大玻璃罩罩着一个人脑。

"啊！"奇奇先是吓了一跳，又怕自己看错了，于是站起身往前走了几步，仔细地看了看，回头对小派说，"快来看，真是人脑子，它好像还在微微地活动呢！"

小派也好奇地走了过去，围着玻璃罩转了好几圈。他摸着脑袋说："真怪！单独一个脑袋怎么能活下来呢？"

"哈哈。"布直首相说，"你们受骗了，这不是人脑，是电脑。这是最新一代的计算机——生物计算机。"

奇奇摇晃着脑袋问："这生物计算机怎么和人脑一模一样呢？"

布直首相解释说："老式电子计算机由最早的电子管，到晶体管，到集成线路，到超大型集成线路，体积越来越小，功能越来越强大。但是，它们和人脑相比，差得还很远。我们模仿人脑制造出这台生物计算机，它由蛋白质、酶、细胞系等生物元件组成，体积和外形有如人的大脑，

而功能比人脑强大多了。"

小派惊奇地问："数学宫有那么多房间，每个房间又有那么多神奇的装置，只这样一台生物计算机就全控制了？"

"是的。"布直首相点点头说，"这台生物计算机不仅控制着这座数学宫，还控制着一个野生动物园。"

"野生动物园？"奇奇听说有这样一个好玩的地方，立刻来了精神，小声对小派说，"咱们去野生动物园玩一趟吧，那多来劲！"

小派何尝不想去玩呢？小派说："首相，我们俩能去野生动物园看看吗？"

"当然可以啰。不过——"布直首相看了小派一眼，说，"野生动物在园中自由来往，那可是个危险的地方！"

奇奇站起来说："不怕！有危险才有点探险的味道。布直首相，能不能给我们发两支猎枪？"

小派赶忙拦阻说："咱们是去野生动物园，又不是去狩猎场打猎，带枪干什么？"

吃过饭，稍事休息，小派和奇奇告别了布直首相，向野生动物园走去。没走多远，小不点从一棵树后闪了出来。

小不点笑嘻嘻地问："二位逛完了数学宫，又要到哪儿玩去？"

小派说："我们去野生动物园。"

"噢，那可是个很好玩的地方。"小不点说完，用狡黠的目光扫了小派和奇奇一眼。

"那，咱们快走吧！"奇奇拉着小派往野生动物园跑。小不点向他们俩挥挥手，说："祝你们俩玩得痛快！"说完，捂着嘴嘻嘻地笑了起来。

不一会儿，两人就到了野生动物园。只见四周用高墙围着，两扇铁门关得紧紧的，铁门上有一扇小门，门上写着：

小猴想从百米跑道的起点走到终点，它前进10米，后退10米，再前进20米，后退20米……这样下去，小猴能否到达终点？

"这还不容易？"奇奇说着，用笔在小门上写了个"不能"。

奇奇刚写完，小门就啪嗒一声打开了，门里伸出一个猴头。小猴冲奇奇一龇牙，接着扔出一个野果，啪的一声正打在奇奇的脑袋上，痛得奇奇"哎哟"一声，小门立刻又关上了。

奇奇捂着脑袋说："这只小猴子还会打人！"

小派说："刚才你写的不对，小猴子才打你。"小派走过去在小门上写了个"能"，小门打开了，小猴探出了脑袋。奇奇在一旁高喊："留神脑袋！"可是小猴这次并没有扔野果，只是吱地叫了一声，接着两扇大铁门就打开了。

两人进了野生动物园，嗬，好宽阔的草原哪！绿茵茵的草地像块大绿毯，一眼望不到边，远处还有片片树林。在绿草当中可以看到成群的羚羊和斑马。

小派问："咱俩怎么走？"

奇奇捂着脑袋说："你先别问怎么走，你告诉我，为什么你说小猴能够到达终点呢？他前进10米，后退10米，再前进20米，后退20米，他不管前进多远，总要退回到原出发地，他怎么能到达终点呢？"

小派解释说："由于小猴第一次前进10米，后退10米……当他前进100米时，就到达了终点，没必要再退回去了。"

奇奇恍然大悟，点点头说："对，小猴走到100米处就已经到达了终点，没有必要再往回退了。"

突然一声狮吼，把奇奇和小派吓了一跳，两人循声望去，只见一头雄狮在奋力追赶一匹斑马，斑马正向这边跑来。说时迟，那时快，斑马已经跑到他们俩跟前，狮子也紧跟着追了过来。

"快跑!"奇奇拉着小派撒腿就跑,狮子撇下斑马直奔他们俩。正好前面有棵树,两人便一前一后爬上树顶,狮子本来会爬树,也不知为什么,它只是围着树转了一圈就走了。

奇奇抹了一把头上的汗,说:"好险哪,差点当了狮子的早餐!"

小派说:"听说在非洲游野生动物园,都是坐在汽车里,咱们这么个游法,早晚叫狮子吃了。"

"要想办法找辆车才行。"奇奇手搭凉棚向四周张望,忽然大声叫道,"看哪,那边的小树林里有一辆小汽车!"两人从树上滑下来,撒腿就往小树林跑去。跑近一看,嘿,还真是辆旅游专用车!从窗户能看到车里有面包、汽水和水果,东西挺齐全。奇奇拉了拉车门,车门锁着呢。车门上也没有钥匙孔,只有一个奇怪的算式:

$$72 \times \square\square\square = \square\ 679\ \square$$

奇奇说:"得!看来必须在方块里填上适当的数,车门才能打开。可是,式子里的乘数是个百位数,咱们连一位数字也不知道,怎么求呀?"

小派说："可以把 72 分解开，先分解成 8×9 试试。"

奇奇琢磨了一下，说："右边这个五位数，既然能被 8 整除，它的末位数一定是偶数。"

"不单是偶数。"小派说，"如果一个数能被 8 整除，那么它的最后三位数一定能被 8 整除。"

"这是什么道理？"

"任何一个四位以上的数，都可以写成这样两个数之和：其中一个数的最后三位数字都是 0，另一个是小于 1000 的数。比如 78215 可以写成 $78000 + 215$，进一步可以写成 $78 \times 1000 + 215$。"

"往下呢？"

"因为 $1000 \div 8 = 125$，所以千位以上的数一定能被 8 整除。这样，一个数能不能被 8 整除，就看最后三位数了。"

"八九七十二、八九七十二。唉，最后三位数一定是 792 喽！"

"对！"小派说，"这个数还能被 9 整除，那么它的各位数字之和也应该能被 9 整除。

奇奇摸着了窍门，高兴地说："我来算。$\square + 6 + 7 + 9 + 2 = \square + 24$。24 的个位数字和十位数字相加得 6，再加上 $\square$，如果它们的和能被 9 整除，那么方格里必须填 3。所以右边这个五位数是 36792。再由 $6792 \div 72 = 511$，得到等号左边的三位数是 511。这个等式应该是 $72 \times 511 = 36792$。"

奇奇填完，车门打开了，两人高兴地钻进汽车。

奇奇手握方向盘说："我来开车。"

"你会开车吗？"

"在大草原上开车，不会也没关系。"奇奇用脚一踩油门，汽车猛地蹿了出去。

"哈哈……"奇奇开着车在草原上歪歪扭扭地走着，两人别提多开心啦！

一路上，他们看见了成群的大象和长颈鹿，还看见了三五成群的狮子、豹子，以及狒狒、猩猩，真是大开眼界。

不一会儿，一条大河挡住了去路，河里有许多奇大无比的河马，还有三米多长的鳄鱼。但是，奇奇一点停车的意思也没有，两眼只顾左右看，显然是看入了神。

"奇奇，你快停车啊！"小派着急地直喊。

"啊？停车？"奇奇用脚一踩，谁知错踩了油门，汽车加速前行。正巧一只大河马张着血盆大口，汽车嗖的一声钻进了河马的大嘴中，河马立刻把嘴闭上，周围变得一片黑暗。

知识点 **解析**

青蛙跳井问题

故事中，小派和奇奇遇到的猴子能否到达终点的问题：小猴不停前进和后退，存在周期性，一次前进加一次后退为一个周期，经过一个周期，小猴前进10米。这类问题属于青蛙跳井问题。解这类题的基本步骤：

①确定周期：求一个周期之内的效率之和（即周期值）以及最大的效率（即周期峰值）；

②确定循环周期数：$N=[$（工作总量-周期峰值）÷周期值$]$；

③确定未完成的工作量：计算剩余的工作时间；

④确定总时间。

考考你

一只蜗牛向一棵葡萄树上的葡萄爬去，葡萄离地面1米，蜗牛每爬半米，就会滑下来0.4米。蜗牛要爬几次才可以爬到葡萄上？

口中余生

奇奇带着哭腔问："怎么办？咱俩被河马吃了！"

小派安慰说："不要紧，咱俩坐在汽车里，只要汽车不坏，咱俩就没事。喂，你把灯打开好吗？"奇奇摸了半天，总算把灯打开了。

小派向外看了看，又说："你再把汽车的前灯打开。"打开前灯，两道光束射了出去，河马口中立刻亮如白昼。

"多奇怪呀！"小派开门走了出去，他用手按了按河马嘴里的肉，不无奇怪地说，"你看，这像肉吗？"

奇奇也按了按，说："不像，像塑料的。"

"这可能不是真河马，咱们在动物园里都见过河马，哪见过这么大个儿的？"

"嗯，不像真河马，肯定是塑料做的。"

小派说："不管真假，咱俩要想办法出去。时间一长，咱俩非被憋死不可。"

"小派，你看这是什么？"奇奇又有了新发现，小派走过去一看，是一道题：

中国古代的"九宫图"，是由1到9的数填写而成。它的特点是，不管横着加、竖着加，还是按对角线斜着加，所有的3个数之和都相等。请你判断A、B两图，哪个是"九宫图"。

A
9	8	7
2	1	6
3	4	5

B
4	9	2
3	5	7
8	1	6

小派再仔细一看，每个图旁边都有一个电钮。

奇奇走上前说："这个电钮也许可以让河马张开大嘴，我去试试。"

"慢着！"小派马上拦住说，"你知道按哪个电钮，要按几下吗？"

奇奇摇了摇头。他忽然提了一个问题："小派，你知道什么是'九宫图'吗？"

小派点点头："我看过这方面的书。"

"给我讲讲好吗？"

"我记住多少讲多少吧。"小派说，"传说在很久以前，夏禹治水来到了洛水。突然，水中浮起一只大乌龟，乌龟背上有一个奇怪的图，图上有许多圈和点。这些圈和点表示什么意思呢？大家都弄不明白。"

奇奇忙问："那你说这些圈和点表示什么意思呢？"

"你别着急。"小派说，"世界上总是有善于观察和分析的人。他们首先发现：凡是画圈的，都表示奇数；凡是画黑点的，都表示偶数。而且9个格子里的圈和点表示从1到9这9个自然数。有人又做了进一步的研究，发现：把龟背上的9个自然数填入一个3×3的正方形方格中，不管是横着的3个数相加，还是竖着的3个数相加，或者斜着的3个数相加，其和都等于常数15。比如 $4+9+2=15$，$9+5+1=15$，$4+5+6=15$ 等。"

奇奇兴奋地说："我看出来了，B图就是'九宫图'。"

小派说："对！我国古代把这种图叫作'纵横图'或'九宫图'，国外把它叫作'幻方'，而把那个常数叫作'幻方常数'。B图所画的是三阶幻方，它是由3×3个方格组成的，它的幻方常数是15。"

奇奇若有所思，他忽然说："会不会是要把B图的电钮按15下呀？"

小派轻轻地拍了拍奇奇的肩膀："说得有道理！就这么办！"

"我试试。"奇奇将B图的电钮按了15下，当他按完最后一下，河马的大嘴呼的一声又张开了。

"哈哈，我们得救了！"奇奇连汽车也不要了，拉着小派急忙跑出河马的大嘴。

"小派，你看的书真多，知识面就是广，什么问题都难不倒你。"奇奇这才感到"书到用时方恨少"。

小派摇摇头说："我才看了几本书？不过读课外书确实很有用。"

奇奇忽然感觉背后有异样，猛一回头，"哎呀"惊叫了一声。小派回头一看，只见一条大鳄鱼正慢慢向他们俩爬来。小派笑着说："不要怕，这条鳄鱼一定也是机器鳄鱼，它不会咬人的。"说着，小派迎了上去，鳄鱼张开大嘴，小派成心把脚伸到鳄鱼嘴里，谁想鳄鱼一闭嘴，一下将他的脚咬住了。

奇奇想帮小派把脚往外拉，鳄鱼却死死咬住小派的脚不放，两边正僵持不下，忽听有人嘻嘻直笑。奇奇抬头望去，只见小不点坐在一棵树上，边拍手边说："真好玩，真好玩，数学冠军要喂鳄鱼啰！"

奇奇大怒，高喊："好个小不点，你见死不救，还幸灾乐祸！"

"暂时还没事。"小不点从树上滑下来，他一按鳄鱼的后背，后背裂开一道缝，从缝里蹦出一张卡片。小不点把卡片递给奇奇，说："只要能把卡片上的问题答对了，鳄鱼自然会放了小派。"

奇奇一看，卡片上写着：

请回答：我会不会吃掉小派？如果回答对了，我就放了小派，否则就吃掉他。

"这个——"奇奇用手摸了一下脑袋，说，"你会不会吃，我哪里知道？我当然希望你别吃掉小派啰！"

小不点说："你想好了就写在卡片上吧！"奇奇掏出笔准备写。"慢着！"小派把卡片要了过去，又仔细看了看，然后在卡片上工工整整地写上"你会吃掉小派"。

奇奇一看，大吃一惊，忙对小派说："你疯啦？你怎么心甘情愿地叫鳄鱼吃掉？"小派叫他只管将卡片往鳄鱼背上的缝里放。说也奇怪，奇奇刚把卡片放进缝里，鳄鱼真的松开了嘴。

小派得救了，奇奇可糊涂了。奇奇问："为什么写上'你会吃掉小派'，鳄鱼反而把你放了呢？"

小派解释说："卡片上写着如果回答对了就放了我，假如在卡片上填写'你不会吃掉小派'，那么鳄鱼就会马上吃掉我，然后就说：'怎么样？回答错了吧？你说我不会吃掉小派，而现在我把小派吃了，这足以证明你回答错了！'因此，填'你不会吃掉小派'的结果是必然要被吃掉。"

奇奇问："为什么填上'你会吃掉小派'，鳄鱼反而放了你呢？"

小派说："填上'你会吃掉小派'，如果鳄鱼真把我吃了，说明我填对了。而卡片上写得清清楚楚，填对了就应该放了我，因此，在这种情况下，鳄鱼不应该吃掉我。"

奇奇又问："填上'你会吃掉小派'，而鳄鱼把你放了，不又说明你填错了吗？"

"是的。"小派笑着说，"只要填上'你会吃掉小派'，鳄鱼是吃我也不对，不吃我也不对，完全陷入自相矛盾之中，最后只好放了我。"

"高，真高！"奇奇竖起两个大拇指，夸奖小派回答得好。奇奇问小不点："这里的动物是不是都是假的？"

小不点点点头说："当然是假的了。这里所有的动物，都是由数学宫最高层的生物电脑控制的。"

"小派、奇奇，布直首相有急事找你们。"圆圆和方方同骑在一头大象身上，走过来对他们俩说。小派心里也没底，布直首相会有什么急事找他们呢？

快乐与烦恼之路

奇奇问："布直首相在哪儿？"

方方往东一指，说："你们俩一直往东走吧！"

两人沿着林荫道向东走去，没走多远，奇奇的肚子就"咕咕"叫了起来。奇奇看了小派一眼，伸脖咽了口口水。也许饥饿能够传染，小派的肚子也"咕咕"直叫，两人快一天没吃东西了。

小派笑着说："见到了布直首相，就会有好吃的了。"奇奇点了点头。

两人又走了一会儿，前面出现了一扇大门，门上写着"快乐与烦恼之路"。门旁还有一块牌子，上面写着：

快乐和烦恼是一对孪生兄弟，任何事情总是既有快乐，又有烦恼。只要你肯动脑子，不怕困难，不断努力，就会得到快乐；如果你懒于动脑，贪图安逸，烦恼就会找到你的头上。预祝你能走上快乐之路！

奇奇直瞪着双眼说："真新鲜！我长这么大，还没听说有这样的路。走，咱俩去走条快乐之路。"

小派摇摇头说："别快乐没成，招来许多烦恼。再说布直首相找咱俩有急事，还是快走吧。"可是这条路只通向这扇大门，别无他路。

"得，看来这快乐与烦恼之路走也得走，不走也得走，这叫逼上梁山！"奇奇说完，径直往大门走去。小派跟着奇奇往前走，不时观察一下周围的地形。

两人一进大门，看到门两边各站着一个机器人。两个机器人手持鲜花，不停地高喊："欢迎奇奇！欢迎小派！"奇奇高兴地向机器人招了招手，说："谢谢，你们还真认识我们俩！"

前面有两条道路，不用说，一条是快乐之路，一条是烦恼之路。可是哪条是快乐之路呢？

奇奇问两个机器人："走哪条路能得到快乐？"

左边的机器人说："走右边那条路。"

右边的机器人说："走左边那条路。"

"嘿！这倒好，你们俩一人一个说法。"奇奇回头问小派，"它们俩谁说得对？"

小派正在专心看一个小白牌，牌子上写着：

这两个机器人，一个只说真话，不说假话；另一个只说假话，不说真话。

奇奇摸着脑袋说："这两个机器人一模一样，我怎么知道谁专门说真话？"

小派说："看来，快乐之路并不容易找到。"

奇奇低头琢磨了一会儿，说:"有了，我去问问他们俩。"

奇奇先问左边的机器人："你专说真话吗？"

左边的机器人点点头说："对，我专说真话。"

奇奇转身又问右边的机器人："你专说假话吗？"

右边的机器人摇摇头说："不，我专说真话。"

奇奇生气地说："怎么？你们俩都专说真话，难道是我专说假话不成？真是岂有此理！"

奇奇转身对小派说："问不出来怎么办？"

"不能这样直接问，我来试试。"小派走到左边的机器人面前问，"如果右边的机器人来回答'走哪条路能得到快乐'，它将怎样回答？"

左边的机器人说："它将回答'走左边那条路'。"

小派往右一指，说："咱们应该走右边这条路。"

奇奇糊涂了。他问："这是怎么回事？为什么你这样一问，就肯定了走右边这条路呢？"

小派拉着奇奇边走边解释："其实，直到现在我也不知道哪个机器人说假话。但是，我可以肯定它的回答一定是假话。"

"那是为什么？"奇奇越听越糊涂。

小派说："假如右边的机器人说真话，而左边的说假话，那么左边机器人回答的'它会说走左边那条路'是一句假话，真话是应该走右边的路。"

"你并不知道左边的机器人说假话呀？"

"对。假如右边的机器人说假话，而左边的说真话，那么左边机器人回答的一定是一句真话，而右边机器人说的'走左边那条路'是假话，咱俩还是要走右边这条路。"

两人走了不多久，前面出现了一个食堂，奇奇高兴地说："这条路果然是条快乐之路，咱们肚子正饿，就有吃的了。"说着，他快步跑了过去。

食堂的玻璃门关得紧紧的，隔着玻璃可以看到里面有张大桌子，桌上摆满了鸡鸭鱼肉，真馋人哪！可是门打不开，奇奇急得在门前直转，忽听咔嗒一声，门缝里蹦出一张小卡片，上面写着：

如果你能证明弯弯绕国的 1000 户居民中，至少有两家的饭碗一样多，就可以进食堂就餐（一家最多 100 只碗）。

"真烦人！人家饿得要死，还要先做题。"奇奇一肚子不高兴地说，"谁知道哪两家的碗一样多？我能挨家挨户去数？"

小派笑着说："即使你真的数出来也不算证明，这饭还是吃不着。"

"你说，这也叫数学题？数学题哪有证明饭碗一样多的？"奇奇吃不上饭，气不打一处来。

小派说："这是逻辑关系。逻辑对于数学是很重要的。英国大哲学家罗素说过，数学就是逻辑加符号。"

"民以食为天。先别管那么多逻辑，要想办法进去填饱肚子。"奇奇真饿急了。

小派说："假设弯弯绕国的1000个家庭中，没有两家的饭碗一样多。可以把这1000个家庭按碗的多少排排队：有1只碗的，有2只碗的，有3只碗的……由于一个家庭最多有100只碗，因此最多只能排出100个碗数不一样多的家庭，这个事实和假设矛盾。因此假设不成立，说明至少有两家的碗数一样多。"

"这不是反证法吗？"奇奇明白了，赶紧把证明方法写在卡片后面，再把卡片塞进去。不一会儿，玻璃门就自动打开了。

两个人放开肚皮，猛吃一通。奇奇高兴地说："吃饱了真快活，这真是一条快乐之路。"

小派摇摇头说："不可能只有快乐没有烦恼的。"

两人吃饱饭后继续往前走，一堵墙挡住了去路，墙上有四扇小门，上面依次写着1到4号，旁边有个说明：

这四扇门中有三扇是假门，开门必须从 1 号门开始依次开。但是，你意想不到的门里藏有一只吃人的恶狼。请开门吧！

奇奇听说有狼，立刻两腿发软。他小声对小派说："咱们还是往回走吧，别自找烦恼。"

"不能走回头路，要闯过去。"

"有恶狼吃人！"

"咱们两个大小伙子，还打不过一只狼？"

小派的决心给奇奇增添了不少勇气，奇奇找来一根木棍，叫小派拿着。他一手拿一块大石头，一副视死如归的样子，说："小派，你开门！"

小派看他那副样子，扑哧一声乐了，说："咱俩又不是来掏狼窝，干吗这么紧张？咱俩应该先研究一下狼会在哪号门里，然后再开门。"

奇奇一想也对，于是说："我先来分析一下，如果我在开 1 号门的同时，心里想'这门里准有恶狼'，结果会怎么样呢？"

小派说："由于恶狼只藏在意想不到的门里，1 号门不会有狼。"

"对！"奇奇接着说，"我在开 2 号门的同时，心想

'2号门里准有恶狼'，这样2号门里也不会有狼。好了，只要我开每扇门的同时，心想'这门里准有恶狼'，那么开哪扇门都不会有狼跑出来。对！根本没有狼。"

"会是这样吗？"小派有点犹豫。

奇奇一时高兴，来了股歪劲儿。他走到1号门前大声说："这1号门里有只恶狼！"说完用力一拉，1号门被拉开了，里面仍旧是墙，这是个假门。

奇奇回头笑嘻嘻地对小派说："我分析得对吧？你说它有，它里面就准没有。"

奇奇到了2号门，又大声说："这2号门里准有恶狼。"说完用力一拉门，一条黑影嗖的一声从里面蹿了出来，一下子把奇奇扑倒在地。奇奇定睛一看，是一只大灰狼，急忙喊道："恶狼吃人！快救命！"奇奇和狼扭打在一起。小派也急了，抢起木棍朝恶狼身上打，正打得不可开交时，只听一声喊："畜生，还不过来！"恶狼乖乖地跑到来人的身边。

奇奇抬头一看，原来是圆圆。圆圆笑着说："真对不起，让你们受惊了。"

奇奇爬起来生气地问："你们弯弯绕国怎么说话不算数？这明明写着，只能从意想不到的门里蹿出一只恶狼。我已经说过2号门里有狼，这应该是我意料之中的事了，怎么还真的跑出一只狼来？"

圆圆问："按照你的分析，这四扇门里会不会有狼？"

"不会呀！"

"那就对了！"圆圆说，"你料想这四扇门里都不会有狼，现在突然蹿出一只，这不正说明是从你意想不到的门里蹿出来的吗？"

"这个——"奇奇真没想到这里还绕着一个弯儿呢！

圆圆说："奇奇，你好好看看，这哪里是恶狼，这是我养的一条狼狗。"三个人看着摇着尾巴的狼狗，不禁哈哈大笑。

知识点 解析

真假话问题

判断真假是一类典型的逻辑推理题目，我们可以用假设法，即假设几种情况，将它们分别代入题干，最终找到符合题意的情况，从而选出正确答案。此外，还可以使用矛盾分析法：如果有两个人说的话正好相反，那么我们可以断定其中必然有一个人说的是假话，有一个人说的是真话。

考考你

暑假小明、小艾和小游一起参加了研学旅行，开学后他们分别向同学们分享了自己的研学经历：

小明："我们去了塞班岛，没有去牛津大学，但参观了哈弗大学。"

小艾："我们去了塞班岛，也去了牛津大学，但没有参观哈佛大学。"

小游："我们没有去塞班岛，但参观了哈佛大学。"

已知他们每个人的话中都有一部分是谎言，那么他们三位到底去了哪些地方？

寻找机密图纸

小派和奇奇见到了布直首相。

布直首相严肃地说："我们刚刚研制成功的激光全息电视机的设计图纸及试验数据，昨天夜里被人偷走了，作案人在现场留下一封信。"说着，布直首相把信交给了小派。

小派打开信一看，立刻愣住了。只见信上写道：

尊敬的布直首相：

　　我作为一名弯弯绕国的国民，向您致意。激光全息电视机的设计图纸和试验数据被我拿走了。由于我受到小派和奇奇的威逼利诱，干了这件见不得人的事。这些重要材料现在都在小派和奇奇手里。千万不能叫他们把材料带走！

　　顺颂

大安

　　　　　　　　　　　　　一名不肖的国民

奇奇拿过信一看，肺都气炸了："是哪个坏蛋干了这种缺德的事，把屎盆子扣在我们俩的头上？没门儿！"

布直首相说："我相信这事不是你们二位干的，可是他为什么要往你们身上栽赃？"

奇奇瞪着眼睛说："栽赃？栽赃又算得了什么！蒙面人半路劫持，把我们关进石头屋；大河马把我们吞进肚里，差点闷死；放出狼狗咬我们……这不都是弯弯绕国干的好事？还有……"

"奇奇！"小派不让奇奇再往下说。

"噢，我们照顾不周，多有得罪，还请二位多多包涵。"布直首相面带歉意地说，"不过，这次丢失的材料事关重大，还请二位协助追查。"

奇奇还想甩几句气话，小派赶紧接过话茬："请首相放心，我和奇奇在贵国打扰多日，现出此案，我们一定全力协助追查。"

"好！"布直首相站起来说，"请卫队长带领二位到作案现场侦查。"

路上，奇奇低着头噘着嘴，只顾一个劲儿往前走。小派知道奇奇正在气头上，也就没和他说话。卫队长领他们俩来到一座大楼前，楼门口挂着一个大牌子，上面写着"新技术研究中心"。他们上了三楼，只见一间屋子的门敞开着，一名士兵在门口守卫。

卫队长指着一个绿色保险柜说："图纸和材料原来就放在这个保险柜里。"

小派拉开柜门一看，里面空空如也。小派仔细检查这个保险柜，忽然发现门的底边贴有一小块绿色胶布。他揭开胶布，里面藏有一张小纸条，上面密密麻麻写了几行小字：

> 小派，我把东西交给了一个人。找到这个人的具体方法是：明天上午9点，一列火车从弯弯绕国中心车站准时发车，这列火车长90米，一个人在铁路旁与火车同向行走，此人的速度是每小时4千米。火车从头部与此人并齐，到尾部超过，用了8秒钟。接着这列火车又超过另一个与它同向行走的行人，这次用了9秒钟。第二个行人就是你要找的人。

奇奇看了纸条，狠狠地跺了一下脚，说："活见鬼！这小子是成心折腾咱俩。他骗咱俩追火车，自己好在一旁看热闹，哼！"

小派想了想，说："骗咱们也好，没骗咱们也好，反正没有别的线索，咱们不妨去看看。"

奇奇忽然提出一个问题："图纸和数据在第二个人的

手里，咱们找的也是第二个人，他信中提到第一人干什么？"

小派说："这个问题提得好！我也在思考这个问题。由于信中没有给出火车的速度，却给出了第一个人的速度，所以我们可以从第一个人的速度出发，求出火车的速度。"

奇奇点点头说："对！有了火车的速度就可以求出第二个人的速度，这正是我们要知道的。"

"行啊！奇奇，你这次可没白来弯弯绕国一趟，学问见长！"

奇奇被小派这么一夸，气全消了，他说："我来求火车的速度。咱们在课堂上学过，速度＝路程÷时间。这列火车长 90 米，第一个人的速度是每小时 4 千米。火车从头部与此人并齐，到尾部超过，用了 8 秒钟，可是这里谁是路程？谁是时间？ 90÷8 又表示什么呢？……"做到这儿，奇奇卡壳了。

小派提醒道："火车的速度一定比第一个人的速度快，快多少呢？火车比第一个行人快 $90÷8=\dfrac{45}{4}$（米/秒）。"

"我明白了，火车的速度是 $\left(4+\dfrac{45}{4}\right)$ 米/秒。"

"不对，不对。"小派连忙打断，"这两个数的单位不一样。人行走的速度单位是千米/小时，而火车的速度单位是米/秒，它们不能直接相加。要把人行走的速度单位化成米/秒才行。"

"第一个行人的速度为 $4000÷3600=\dfrac{10}{9}$（米/秒），因此火车的速度为 $\dfrac{45}{4}+\dfrac{10}{9}=\dfrac{445}{36}$（米/秒）。"

奇奇不服输，他接着算："火车长 90 米，这列火车超过第二个与它同向行走的行人，用了 9 秒钟。火车的速度与第二个行人的速度差为 $\dfrac{90}{9}=10$（米/秒）。第二个行人的速度为 $\dfrac{445}{36}-10=\dfrac{85}{36}$（米/秒）＝8.5（千米/小时）。"

"对！咱俩去找布直首要两辆带时速表的自行车。"

小派找布直首相要到了带时速表的自行车。

第二天一早，小派和奇奇早早来到了中心火车站。

9点一到，火车准时发车。小派和奇奇骑着车与火车并行。路上的行人很少，每遇到一个人，他们俩就和这个人同速行走一段，从时速表上测出这个人的速度。当测到第三人时，这个人是一个小孩，测出他的速度恰好是8.5千米/小时。

小派下车拦住了小孩，对小孩说："小朋友，你有东西交给我吗？"

小孩停下来，看了小派一眼，问："你是小派吗？"

小派点点头。

小孩从口袋里掏出一个纸包，递给小派，说："这是一个人让我交给你的，但是这个人嘱咐我，不让我把他的长相告诉你！"说完扭头就走了。

小派打开纸包，看到图纸和数据全在里面。奇奇高兴地说："哇，终于找到了！"

小派自言自语地说："这事会是谁干的呢？"

"可恶的小不点，一定是他干的！走，咱们找他算账去。"奇奇气愤地挥了挥拳头。

小不点巧摆迷魂阵

两人到小不点家一看，门锁着，门缝里夹着一张纸条。小派和奇奇抽出来一看，是小不点给他们俩的一封信：

亲爱的小派和奇奇：

　　知道你们俩要来找我，可是我有点急事要办，只好先走一步，真对不起。

　　要找我，可以向巽走 ☰ 米，到 ☵ 号房子里找我。

　　此致

敬礼

小不点

奇奇生气地用拳头狠狠地砸了一下门，说："做贼心虚，这小子溜了！"

小派心平气和地说："他留下了地址，还算光明正大。"

"光明正大？"奇奇举着纸条问，"这上面写的什么，你认识吗？"

"我好像在哪儿见过，一时记不起来了。"小派低着头认真地回想。

奇奇看着纸条说："这个东西，我好像在韩国的国旗上见到过。"

"八卦！"小派用力拍了一下奇奇的肩头，说，"韩国的国旗上画的就是八卦。"

"八卦？八卦不是用来算命的吗？那是封建迷信的玩意儿呀！"

小派说："奇奇，这可就是你孤陋寡闻了。八卦最早见于我国的《易经》，相传八卦是太古时期伏羲氏依据黄河所献'河图'而创造的。"

奇奇摇摇头说："那是神话传说。"

"据现代数学家考证，八卦是世界上最早出现的二进制记数法。据说，德国大数学家莱布尼茨就是受了八卦的启发，发明了二进制记数法，进而发明了可以做四则运算的计算机。莱布尼茨非常佩服中国人的聪明才智，听说他还送给清代康熙皇帝一台计算机呢！"

"有这种事儿？快给我仔细说说吧。"奇奇来兴趣了。

"你等等，我把摘抄本找出来给你看看。"小派从书包中找出一个硬皮本，里面全是从报纸、杂志上摘抄的数学知识。

奇奇夸奖说："学问在于点滴勤。小派，你真是个有心人！"

小派笑着说："因为我不知道的东西太多了。奇奇，你看，这段写的就是八卦。"

奇奇抢过摘抄本读道："《易经》里说：'无极生太极，太极生两仪，两仪生四象，四象生八卦。'这表示的是：$2^0=1$，$2^1=2$，$2^2=4$，$2^3=8$。嘿，有点意思。小派，巽就代表东南方向。可是，这些长长短短的横道又表示什么呢？☷表示南，哪有南号房子？"

小派翻过一页，说："这上面写着呢！符号'—'表示阳爻，代表二进制的'1'；符号'--'表示阴爻，代表二进制的'0'。这样就可以把信上的两个特殊符号写成二进制数了。䷓表示 1001101，☷表示 101。"

"还要把它们化成十进制吧？"

"是的，这个好办。"小派写道：

$$1001101 = 1\times2^6+0\times2^5+0\times2^4+1\times2^3+1\times2^2+0\times2^1+1\times2^0$$

$$=64+8+4+1=77$$

$$101 = 1\times2^2+0\times2^1+1\times2^0=5$$

"向东南方向走 77 米，到 5 号房子。"小派算完了说。

奇奇可高兴了："走，咱们找他算账去！"

小派边走边叮嘱说："还不能肯定这件事就是小不点干的。见到小不点，你可不许乱来。"两人向东南方向走，找到了那幢房子，只见门口贴着一张大纸，上面写着"科学算命"。

"算命还有科学的？真新鲜！进去看看。"奇奇推门走了进去。屋里空荡荡的，迎面挂着一张大大的八卦图，图的中间有一个方孔，透过方孔可以看到一位戴着老花镜的老先生坐在里面。

算命先生咳嗽了两声，慢腾腾地问："二位可是来算命的？"

奇奇笑着摇摇头，说："不算命，不算命。没想到，你们弯弯绕国也有算命骗人的！"

算命先生严肃地说："我这是科学算命，根据是数学原理，不信可当场试验。"

奇奇问："你能知道我的年纪多大、几月生的吗？"

"这个容易。"算命先生扶了一下眼镜，说，"请把你的年龄乘以 2，再加 5，再乘以 50，把你出生的月份加上去，再加上一年的天数 365，然后把得数告诉我。"

奇奇心算了一下，说："得 1924。"

算命先生马上说："你 13 岁，9 月的生日，对不对？"

"嘿，你还真有两下子！"奇奇挺惊奇。

算命先生慢悠悠地说："何止有两下子？我的科学算命是很灵的。"

奇奇说："我们有件要紧事，想找一个人……"

没等奇奇把话说完,算命先生从方孔里递出一个圆盘,里面有十几个纸卷,他说:"请您不用再说了,从盘中抓一个纸卷,打开看看就知道喽。"奇奇伸手抓了一个纸卷,打开一看,上面写着两句话:"为破图纸案,欲找小不点。"

奇奇一拍大腿,说:"真神啦!我还没说,你就全知道了。"

忽然,门外有人喊:"小不点,小不点。"只见算命先生嘴巴微微一动,可是没出声。

奇奇听到有人喊小不点,扭头跑了出去,小派也跟在后面,只见一个胖小孩在一个劲儿地喊小不点。

奇奇问:"小朋友,小不点在哪儿?"

胖小孩往门里一指,说:"小不点就在里面呀!"

奇奇双手一摊,说:"屋里除了算命先生,没别人啦!"

小派在旁边跺了一下脚,说:"唉,咱们被小不点骗了。现在屋里肯定没人了!"

"被小不点骗了?"奇奇一愣,"小不点在哪儿?"

小派说:"那个算命先生就是小不点装的,你没见他长得多瘦?"

"瘦是瘦了点儿,可是人家算得挺灵呀!"

"我已经知道他算年龄和出生月份的秘密了。"小派说，"先设一个四位数为 x，其中千位数和百位数所组成的两位数是你的年龄，十位数和个位数是你的出生月份。他是按这个公式算的：$x = 100 \times$ 年龄 $+$ 月份 $+ 615$。"

奇奇摇摇头说："不对呀！他没叫我乘 100，也没让我加 615 啊。"

"是啊！"小派边写边说，"可是他叫你把年龄乘以2，加 5，再乘 50，加上出生月份，再加上 365。

$$x = （年龄 \times 2 + 5） \times 50 + 月份 + 365$$

$$= 年龄 \times 2 \times 50 + 5 \times 50 + 月份 + 365$$

$$= 100 \times 年龄 + 月份 + 615$$

你算出得 1924，他在心中暗暗减去 615，得 1309。13 便是你的年龄，9 便是你出生的月份。"

"可是抓纸卷又怎么解释？"

小派拉着奇奇进了屋，把圆盘中十几个纸卷逐一打开，发现上面写的全是"为破图纸案，欲找小不点"。

奇奇双手一捂脑袋，说："唉，我让小不点骗苦了！"他用力把八卦图撕下来，里面除了一副老花镜，什么也没有。

他是谁

小派和奇奇还在发愣，门口的胖小孩拿着一封信跑了进来，说："这是小不点给你们的信。"

奇奇打开信读道：

亲爱的小派、奇奇：

　　我刚才和你们开了个小小的玩笑，请别生气。你们怀疑激光全息电视机的图纸是我偷的，这可是天大的冤枉！我小不点从来不干这种缺德事儿。我是你们的朋友。告诉你们吧，图纸是刘金偷的。

　　此致

敬礼

小不点

"此地无银三百两，他是贼喊捉贼！我看图纸就是小不点偷的。"奇奇被小不点捉弄了一番，更是火上浇油，他一口咬定小不点就是偷图纸的人。

　　"刘金?"小派眼睛一亮,他自言自语地说,"刘金这个人心胸狭窄,嫉妒心强,鬼点子又多,不能排除他的可能性。"

　　"小不点没找到,又跑出一个刘金。你说这案子怎么破?"奇奇有点沉不住气了。

　　小派说:"刘金也好,小不点也好,咱们不能总叫他们牵着鼻子走,必须动脑筋想个办法主动出击才行。"小派对奇奇嘀咕了几句,奇奇挑起大拇指说:"好主意,就这么办!"

　　奇奇在屋里找到了一个锣,和小派一起走出门外。一阵锣声响过之后,奇奇大声喊道:"快来猜呀!百猜百中。你今年多大年纪,你父母多大年纪,你干过什么好事,又干过什么坏事,一猜就中。"不一会儿就围上来一大圈人。

　　小派挂出一张大纸,上面有甲、乙、丙、丁、戊、己六个表。小派说:"谁要让我猜一下你的年龄? 63岁以下的我都能猜,百猜百中。"

　　一个中年人上来说:"你来猜猜我今年多大。"

　　小派微笑着说:"请你按照甲、乙、丙、丁、戊、己的顺序,回答表上有没有您的年龄。"

　　中年人答道:"有,有,没有,没有,没有,有。"

　　小派立刻回答:"您差1岁就50了。"

甲

32	33	34	35	36	37
38	39	40	41	42	43
44	45	46	47	48	49
50	51	52	53	54	55
56	57	58	59	60	61
62	63				

乙

16	17	18	19	20	21
22	23	24	25	26	27
28	29	30	31	48	49
50	51	52	53	54	55
56	57	58	59	60	61
62	63				

丙

8	9	10	11	12	13
14	15	24	25	26	27
28	29	30	31	40	41
42	43	44	45	46	47
56	57	58	59	60	61
62	63				

丁

4	5	6	7	12	13
14	15	20	21	22	23
28	29	30	31	36	37
38	39	44	45	46	47
52	53	54	55	60	61
62	63				

戊

2	3	6	7	10	11
14	15	18	19	22	23
26	27	30	31	34	35
38	39	42	43	46	47
50	51	54	55	58	59
62	63				

己

1	3	5	7	9	11
13	15	17	19	21	23
25	27	29	31	33	35
37	39	41	43	45	47
49	51	53	55	57	59
61	63				

"对，对。我49岁了。"中年人满意地走了。

"我来猜一次。"刚刚送信的那个胖小孩来了，他说，"没有，没有，没有，有，有，没有。"

小派笑着说："你才6岁。"许多人上来试验，小派都能准确地说出他们的年龄，大家都啧啧称奇。

又一阵锣声响过，奇奇大声说："咱们换一个猜法，这回咱来个密码破案。大家都知道激光全息电视机的图纸被人偷走了，究竟是谁偷的呢？我们可以利用密码来侦破。"这时，方方、圆圆、小不点和刘金都来了，站在后面看热闹。

小派又挂出一张图，对大家说："谁来试试密码破案？"

"我来试试。"方方从后面走了上来，小派拿了一把纸条，叫方方从中抽出一张。

小派笑着问方方："你估计图纸会是谁偷的？"

方方毫不犹豫地说："是小不点！"

小不点在下面大喊："你胡说，你诬赖好人！"

小派说："请打开纸条。"方方打开一看，是七个算式：

① 61×25　　② 37×37　　③ $99 \div 11$　　④ $\dfrac{100}{100}$

⑤ $4 \times \dfrac{1}{8}$　　⑥ $343 \times 0.5 \times 2$　　⑦ $100 \div 4$

小派解释道："你把这七个算式算出得数，在表上找到相应的汉字，可以连成一句话。"

22 的	3.345 虎	9 点	25 纸
7071 大	1525 小	16 金	1/100 笔
9631 胖	1 没	343 图	434 画
1369 不	3 刘	5 拿	1/2 偷

方方很快把七个得数算了出来：

① 1525　　② 1369　　③ 9　　④ 1

⑤ $\frac{1}{2}$　　　⑥ 343　　⑦ 25

方方接着读出了一句话："小不点没偷图纸。"

小不点一下子蹿到了前面，拍着小派的肩膀，高兴地说："你这个密码破案真灵！我本来就是清清白白的，这下子你相信了吧？"小派笑着点了点头。

"该我了。"圆圆跑了上来。他从小派手中抽出一张

纸条，打开一看，上面有六个算式：

① $9 \div 3$　　② $2 \times 2 \times 2 \times 2$　　③ $\dfrac{33}{66}$

④ $110 \div 5$　　⑤ $7 \times 7 \times 7$　　⑥ 5×5

圆圆算出六个得数是：

① 3　② 16　③ $\dfrac{1}{2}$　④ 22　⑤ 343　⑥ 25

翻成一句话就是："刘金偷的图纸。"

大家一起把目光集中在刘金的脸上。刘金有点紧张，两只手不停地搓着，喃喃地说："不记得我干过这种事。"

由于刘金平时总爱对人使鬼心眼，大家知道他人品不好，于是议论纷纷，认为此事八成是刘金干的。

小不点站出来说："刘金，你干的好事，瞒得过别人，还瞒得过我？我劝你还是主动找布直首相交代自己的罪行，争取宽大处理。等我揭发出来，那可要罪上加罪喽！"

围观的群众也七嘴八舌地说："快去找布直首相认错吧！"刘金慢腾腾地向首相府走去。

小派紧紧地握住小不点的手说："谢谢你的帮助。"

"没什么，没什么。"小不点反而有点不好意思，他问，"你用卡片猜年龄玩得漂亮，连我这个算命先生都被你弄蒙了，能不能教教我？"

小派笑着说："谈不上教你，我也是刚刚学会的，咱们一起研究吧。我用的也是二进制数，甲、乙、丙、丁、戊、己合在一起代表了一个六位的二进制数。当你回答某个表上有你的岁数时，相应地，这一位上就记1；如果没有，相应地，这一位上就记0。"

奇奇在一旁说："还是举个具体的例子说说，容易讲明白。"

"好的。刚才那位叔叔按照六张表的顺序回答有、有、没有、没有、没有、有，写成二进制数就是110001。"小派对小不点一努嘴，说，"算命先生，你一定会把它化成十进制数吧？"

"那当然。"小不点很快就写出：

$$1 \times 2^5 + 1 \times 2^4 + 0 \times 2^3 + 0 \times 2^2 + 0 \times 2^1 + 1 \times 2^0$$

$$= 32 + 16 + 1 = 49$$

小派说："我刚才算的就是 49 岁。"

"胖小孩回答的是没有、没有、没有、有、有、没有。我来算算胖小孩的年龄。"小不点先写出 000110，把它化成十进制数是 $0 \times 2^5 + 0 \times 2^4 + 0 \times 2^3 + 1 \times 2^2 + 1 \times 2^1 + 0 \times 2^0 = 4 + 2 = 6$，然后说，"胖小孩 6 岁。"

小不点又问："小派，你能告诉我，这六张表是怎样造出来的吗？"

"当然可以。请你先把 58 化成二进制数。"

小不点用短除法来化："58 化成二进制数是 111010。"

小派指着六张表说："这个二进制数从左到右是 1，1，1，0，1，0，而 58 相应出现在甲、乙、丙、戊表中。"

"噢，我明白了。"小不点说，"你是把从 1 到 63 的数都化成六位的二进制数，让每一位数都对应一张表。如果这一位上的数字是 1，就把这个十进制数写到相应的表中；如果这一位上的数字是 0，就不写在相应的表中。"

小派夸奖说："小不点，你可真聪明。"

"马马虎虎。"小不点笑着说，"利用你这张表，我可以把 1 到 63 中每一个数的二进制表示法直接写出来。比如 37，它出现在甲、丁、己表上，因此 37 化成二进制数是 100101。"

```
2 | 5 8
2 | 2 9 …… 0        ↑
2 | 1 4 …… 1
2 |   7 …… 0
2 |   3 …… 1
2 |   3 …… 1
2 |   1 …… 1
      0 …… 1
```

圆圆问小不点："密码破案又是怎么回事？"

小不点说："这个把戏我刚刚耍过。方方上来抽纸条，小派拿的纸条都一样，不管抽哪张，上面都写着'小不点没偷图纸'。你抽时也是一样。"

圆圆笑着说："原来是这么回事。"

一个摩托兵飞速赶到，他向小派行了个举手礼，说："布直首相有请，说有要事相商。"

知识点 解析

十进制整数转换成二进制整数

十进制整数转换成二进制整数的转换方法是："除以2，倒取余数"，具体做法是：用2整除十进制整数，可以得到一个商和余数；继续用2去除商，直到商为0时为止，然后把先得到的余数作为二进制数的低位有效位，后得到的余数作为二进制数的高位有效位，依次排列起来。例如，十进制数13转化为二进制就是1101，转化过程如下：

$$
\begin{array}{r|l}
2 & 13 \quad\quad 1 \\
2 & 6 \quad\quad 0 \\
2 & 3 \quad\quad 1 \\
2 & 1 \quad\quad 1 \\
& 0
\end{array}
$$

考考你

将18转化为二进制数。

古算馆历险

布直首相派人把小派和奇奇请回首相府。

布直首相说："二位来到敝国以后，打了数学擂台、探了数学宫、游了野生动物园，感觉如何啊？"

奇奇抢着说："很好玩呀！通过参观、游览，我们俩开阔了眼界，增长了知识，还带点探险，蛮有意思。嘿嘿……"说完了，奇奇一阵傻乐。

布直首相笑着说："看来二位余兴未尽，我再推荐一处，二位不妨一游。"

"什么地方？"

"中国古算馆。"

奇奇眨巴着大眼睛问："你们弯弯绕国干吗要设中国古算馆？"

布直首相站起身来，来回踱了几步，说："你们中国有着灿烂的文化，古代数学在世界上也是领先的。我开设中国古算馆就是为了号召弯弯绕国的居民要好好学习中国的古代数学。"

奇奇拍着小派的肩头说："咱们作为中国人，这古算馆可要走一趟！"

小派很冷静地问："馆里有什么危险吗？"

"哈哈！"布直首相笑着说，"我所设计的殿、堂、会、馆都有机关埋伏。中国古算馆里无非装有中国的古代兵器，有刀、枪、剑、戟、斧、钺、钩、叉等十八般兵器，外加利箭、铁丸等暗器。怎么，害怕了？"

小派回答："没什么可怕的。我们去！"

奇奇听了布直首相这么一介绍，可有点露怯了。他不停地拉扯小派的衣角，冲着小派挤眉弄眼带摇头。小派假装没看见。

"好样的！只有勇敢者才能登上科学的高峰。小派，我就喜欢你的勇敢和冷静。"布直首相向下一招手，说，"来人，送小派和奇奇去中国古算馆。"

两人在士兵的带领下向中国古算馆走去。小派走在前头，奇奇嘟着嘴，双目无神，耷拉着脑袋，一声不响地跟在后面。

"奇奇，你怎么啦？"

"怎么啦？十八般兵器，外加利箭、铁丸，哪样砸在脑袋上也是一个窟窿，你就不怕死？"

小派扑哧一声笑了，说："咱俩闯了数学宫、野生动

物园，你也没受半点伤呀！"

前面出现了一座红墙绿瓦的宫殿式建筑，朱红色大门的上方挂着一块牌匾，上面写着五个金光闪闪的大字——"中国古算馆"。

士兵很有礼貌地说："二位请进吧！"说完转身走了。

"怎么打开这扇门？还是我先去看看吧。"奇奇说完就走到门前，仔细察看这扇大门。不久，奇奇似乎发现了什么："小派，你快来看，这儿有一张图。"

小派跑过去一看，门上有一张图，是正放着的一大一小两个正方形，它们的上方还斜放着一个正方形。图上涂有青、红两种颜色，还标有数码。

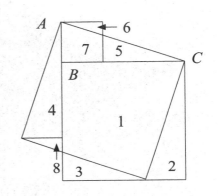

奇奇问："这图是什么意思？"

小派仔细端详这张图，从口袋里掏出一支笔，在图上写出 A、B、C 三个字母，说："奇奇，三角形 ABC 显然是个直角三角形，而大、中、小三个正方形，是分别以这个直角三角形的三边为边画的。看这意思，是让咱俩用这个图来证明勾股定理。"

"我国古代常用'移补凑合法'，古希腊叫作'割补法'，来证明几何定理。"小派指着图说，"如果能把正放着的一大一小两个正方形，全部拼到斜放着的正方形中去，并且刚好把它填满，就证明了以 AB 为边和以 BC 为边的两个正方形的面积之和，等于以 AC 为边的正方形的面积。"

"我明白了。"奇奇摇晃着脑袋说，"分别以 AB、BC 和 AC 为边的正方形的面积，等于 AB^2、BC^2 和 AC^2。

由面积相等，可以推出 $AB^2 + BC^2 = AC^2$，这就是勾股定理。"

"说得对！"小派点了点头。

"我来割补一下。"奇奇伸手拿下写着 2 的一块直角三角形，贴补在由 5 和 7 组成的直角三角形上。奇奇刚刚贴好，两扇门就打开了，奇奇正想探头往里瞧，只听嗖的一声响，一支冷箭从门里射了出来。亏得奇奇平时踢足球，练就了一身硬功夫，只见他一低头，顺势来了个侧滚，箭擦着他的头皮飞了过去。

"我的天哪！"这一箭吓得奇奇出了一身冷汗，他回头再看大门，大门又关得严严实实。

这一箭射得太突然，把小派也吓了一跳。小派镇定了一下，说："你把 2 贴到 5 和 7 上，贴得不对，才招来这一箭。"

"没错呀！这两个直角三角形的股和弦分别对应相等，是全等三角形，肯定能对得上！"奇奇有些不服气。

"7 这个直角梯形已经在斜正方形里面了，你再贴上一块不就重复了吗？"

"照你这么说，应该把 2 贴到 4 上才对。"虽然奇奇嘴里这样说，可他不敢再动手去试了。

小派说："2 和 4 全等，3 和 5 全等，6 和 8 全等，应该这样移补。"小派将 2 放置到 4，3 放置到 5，6 放置到 8。刚刚贴好，两扇大门忽然大开，奇奇害怕门里再射出冷箭，赶忙趴在地上。

门里没射出箭，却走出一位身穿古铜色长袍、腰束丝带、头梳发髻的长者。老人高兴地说："是哪位后生谙熟我的'青出朱入图'？这可是个难得的人才啊！"

奇奇从地上爬起来，气势汹汹地指着老人说："不用问，你一定是这个古算馆的看门人，刚才那一箭准是你射的！"

老人连连摆手说："不对，不对。我不是看门人，我乃孙子是也。"

小派冲老人一抱拳，说："您是大名鼎鼎的数学家孙子？久仰，久仰！"小派回头对奇奇小声说："他准是布直首相制作的机器人孙子。"

孙子说："你们要了解中国的古算，可以看我写的《孙子算经》，此书最早问世于大约公元 5 世纪。"说完，孙子领小派和奇奇来到一扇门前。

孙子说："要了解《孙子算经》的详细内容，请进此门。"

小派向孙子道过谢，推门往里走，奇奇也跟了进去。

奇奇问："这位孙子叫咱俩念经，和尚才念经呢！"

听了奇奇的话，小派笑着说："古代把书叫作经，《孙子算经》就是孙子写的数学书。"

奇奇刚想说什么，就注意到两名身着古装的男子围着一个大铁笼子在争吵，见小派、奇奇走了进来，他们立刻停止了争吵。

一个身强体壮的黑脸汉子把奇奇提了起来，像提小鸡一样把他提到了大铁笼子边。

黑大汉瓮声瓮气地说："这个笼子里有鸡又有兔，数头有 35 个，数腿有 94 只。我们俩都说不准笼子里有几只鸡和几只兔，你来给算算。"

奇奇慢吞吞地问："求人家帮忙，怎么能这样蛮横无理？我要是不给你算呢？"

"不给我算？"黑大汉单手把奇奇拎了起来，"不给我算，我就把你扔出去！"

"救命！救命！"奇奇大声呼救。

小派急忙过来帮忙，厉声喝道："把我朋友放下！我来替你算！"

黑大汉放下奇奇，奇奇抹了把头上的汗，说："我差点坐了'飞机'！小派，你会做吗？"

小派从一张小桌上拿起一本线装书，书上写着《孙子算经》。

小派说："他提的是著名的'鸡兔同笼'问题，《孙子算经》里最早提出了这个问题。咱们看看书里是怎样解的。"说完翻了几页。

"找到了！"小派写出：

$$兔的数目 = \frac{1}{2} \times 足数 - 头数$$

"我来算！"奇奇开始计算：

$$兔的数目 = \frac{1}{2} \times 94 - 35 = 47 - 35 = 12（只）$$
$$鸡的数目 = 35 - 12 = 23（只）$$

黑大汉客气地对奇奇说："你算对了，请往下走。"

"哼！"奇奇神气十足地瞪了黑大汉一眼，拉着小派走了。

两人没走多远，就见一名古代妇女在河边洗刷一大摞碗。

奇奇好奇地走过去问："您怎么刷这么多碗哪？"

妇女回答："家里来客人了。"

"来了多少客人，要用这么多碗？"

妇女笑着说："2个人给一碗饭，3个人给一碗鸡蛋羹，4个人给一碗肉，一共要用65只碗。你算算我们家来了多少客人？"

奇奇轻轻地打了一下自己的嘴巴，说："真多嘴！问人家来了多少客人干什么？你看，又问出问题来了！"

小派笑着说："自己招的事，自己解决！"

"幸灾乐祸！"奇奇一扭脖子说，"我来算！"

奇奇想了半天也没想出个解法。妇女在一旁催促："算出来没有？"

奇奇对小派说："好小派，还是帮我一把吧，这个问题从哪儿入手？"

小派提示说："如果能求出每个客人占多少只碗，就可以求出客人的数目。"

"每人占多少只碗呢？"奇奇边解边想，"两个人给一碗饭，每人占 $\frac{1}{2}$ 只碗；3 个人给一碗鸡蛋羹，每人占 $\frac{1}{3}$ 只碗；4 个人给一碗肉，每人占 $\frac{1}{4}$ 只碗，合起来，每人占（ $\frac{1}{2}+\frac{1}{3}+\frac{1}{4}$ ）只碗。"

小派接着往下算：

$$客人数 = 65 \div \left(\frac{1}{2}+\frac{1}{3}+\frac{1}{4} \right)$$

$$= 65 \div \frac{13}{12} = 65 \times \frac{12}{13} = 60（人）$$

妇女高兴地说："你们俩解决的是《孙子算经》上的一道名题'河边洗碗'。你们继续往前走吧！"

知识点 解析

分数应用题

故事中，小派和奇奇遇到的妇人刷碗问题是分数应用题。解答分数应用题时，可以利用直观图，特别是线段示意图，来表达题目的条件和问题，提示数量之间的联系，弄准量率之间的对应，掌握单位"1"相互转化的规律。

考考你

夏天到了，农民伯伯要给西瓜地浇水。第一天浇了所有西瓜地的 $\frac{2}{5}$，第二天比第一天少浇了所有西瓜地的 $\frac{1}{20}$，剩下的地第三天浇。第三天浇了西瓜地的几分之几？

唱歌者的启示

两人走着走着，忽然听见一阵歌声，有人挥剑唱道：

三人同行七十稀，五树梅花廿一枝。
七人团圆月正半，除百零五便得知。

奇奇虽然吃了很多次亏，可好奇心还是不减，他说："咱俩看看谁在唱歌。"两人左转右转也没找到唱歌的人，待到走出一道小门，前面是练兵场。场上有些身穿盔甲的士兵，一员大将在指挥他们操练。士兵们各举刀枪，或劈，或砍，或扎，或挑，动作刚劲有力，刀光剑影，杀声阵阵。奇奇也喜爱武术，看到精彩处，他不禁大声叫好。

大将军听到有人叫好，把手中宝剑向奇奇这边一指，大喝一声："将此二奸细给我拿下！"四名士兵跑了上来，不容分说，将小派和奇奇上了绑，随后推进一间小屋锁上门。尽管奇奇大声呼叫，却无人理睬，练兵场上仍然杀声震天。

奇奇丧气地说："唉，你说多倒霉！咱俩看了两眼舞剑，就被当成特务了。"小派没说话，只是淡淡地一笑。

过了好一会儿，门吱呀一声响，将军走了进来。他看了两人一眼，问："你们是来刺探军情的吗？好大胆！"

"哪儿的话？我们是来参观古算馆，学习数学的。军事情报对我们有什么用？"奇奇一肚子不高兴。

"学习数学？"将军眼珠一转，说，"这样吧，外面操练的士兵不足 100 名。我让他们报数，一共报三次。如果你们能准确地说出有多少士兵，就说明你们俩是来学数学的。如若不然，必是奸细无疑，要就地正法！"说完转身走了。

奇奇一跺脚说："又是砍头，看来我这脑袋是要换个地方了。"

"嘘——"小派示意奇奇不要说话，只听外面一个士兵正在向将军报告。士兵说："启禀大将军，士兵3个3个地报数，最后剩下2名士兵；5个5个地报数，最后剩下3名士兵；7个7个地报数，最后也剩下3名士兵。"

小派小声对奇奇说："咱俩要根据三次报数的结果，算出有多少士兵。"

"这可怎么算？我反正算不出来。"奇奇没办法，小派也束手无策，两人相对无语。

忽然，小派对外面喊："快给我松绑，捆着双手我怎么算？"过了一会儿，两名士兵进来给小派和奇奇松了绑。

小派说："咱俩要想办法找一个小于100的自然数，使得它被3除余2，被5除余3，被7除也余3。"

"对！咱俩就挨个试吧。"

"不成，那样做计算量太大，要想个别的办法。"小派低头沉思。

忽然，外面"三人同行七十稀"的歌声又起。奇奇焦躁地说："人家都快要就地正法了，他还唱得有滋有味的。"

"慢着。"小派激动地说，"他歌词的头三句是三人、五树、七人。这和三三报数、五五报数、七七报数不谋而合呀！"

奇奇不以为然地摇摇头，说："你纯粹是瞎琢磨，我看不出有什么关系。"

"'三人同行七十稀'，这70可以被5和7整除，而被3除余1。如果是70×2呢？它不但能同时被5和7整除，而且被3除余2，这不就是三三报数余2吗？好了，有门儿啦！"小派这一喊，把奇奇吓了一跳。

"'五树梅花廿一枝'，21×3可以同时被3和7整除，而且被5除余3；'七人团圆月正半'，半个月是15天，15×3可以同时被3和5整除，而且被7除余3。"小派在地上边写边说，"数 m 就满足要求，找到啦。"

$$m = 70 \times 2 + 21 \times 3 + 15 \times 3 = 248$$

奇奇摇摇头说："不对。这个 m 得248，超过100。"

"歌词最后一句是'除百零五便得知'，105是3，5，7的最小公倍数，将248减去105×2得 n，n 就是所求。"小派又写出：

$$n = 70 \times 2 + 21 \times 3 + 15 \times 3 - 105 \times 2 = 38$$

奇奇用力敲门，大声喊："喂，快开门！我们算出来啦，一共有 38 名士兵。"

门开了，将军说："嗯，算得不错。把他们俩押走。"

奇奇忙问："要把我们押到哪儿去？"

路经纠纷村

小派、奇奇被士兵押出古算馆，小不点正在门口等着他们俩。

小不点对士兵说："把他们俩交给我好了！"士兵答应了一声"是"，转身回去了。

小不点笑嘻嘻地问："古算馆好玩吗？"

"好玩？"奇奇瞪大眼睛说，"脑袋差点没搬家！"

小派说："小不点，请带我们去见布直首相吧，我们该回家了。"

小不点眼珠一转，说："好的，好的，请跟我走吧！"两人跟着小不点转了好一阵子，在一个村子前停住了。

小不点指着自己的肚子说："我去上厕所，你们等我一会儿。"

两人等了好半天，总不见小不点出来。奇奇跑进厕所一看，哪里有小不点的影儿？

"嘿，咱俩又上了小不点的当！他溜了！"奇奇气得满脸通红。

　　小派笑着摇了摇头，说："小不点可真狡猾，又半道把咱俩扔了。我们只能进村打听一下怎么走。"两人进了村，村子不大，只见村头立着一个牌子，上面写着"纠纷村"。小派一看到牌子，转身就走。

　　奇奇一把拉住小派问："为什么不进村问路了？"

　　"你没看见这是个纠纷村吗？咱们赶紧回家，别去招惹麻烦了。"

　　"咱们进村看看有什么纠纷事。常言道'路见不平，拔刀相助'嘛！走，进村看看。"奇奇的好奇心又占了上风，他硬拉着小派进了村。

　　在一户人家门口，兄弟三人在争吵着什么。奇奇凑过去看热闹，被大哥一把拉住。

　　大哥说："你来给我们解决一下纠纷吧！我父亲养了17只羊，他去世后在遗嘱中要求将17只羊按比例分给我们兄弟三人。"

　　奇奇好奇地问："你父亲让怎么分呢？"

　　大哥接着说："老大分 $\frac{1}{2}$，老二分 $\frac{1}{3}$，老三分 $\frac{1}{9}$。在分羊时不允许宰杀羊。你给我们哥仨把羊分了。"

　　"这个问题简单，看我的！"奇奇捋了捋袖子，蹲下来边写边说，"老大分 $17 \times \frac{1}{2} = \frac{17}{2} = 8\frac{1}{2}$（只）。咦，怎么出现半只羊了？你父亲是不允许宰杀羊的！"

老二过来一把将奇奇从地上揪了起来，问："这是谁算的？这是你算的吗？你自己算的还问谁呀？"

奇奇把手中的木棍狠狠地扔在了地上，说："这17只羊没法分！"

老三紧走几步，一把揪住了奇奇的衣领子："你不是说简单吗？简单你怎么分不出来？分不出来，你们俩谁也别想走！"

奇奇一脸苦相，解释说："17是个质数，它既不能被2整除，也不能被3和9整除，这可怎么分哪？"

小派看见不远处有一个牧羊人，他跑过去和牧羊人说了些什么，然后牵着一只羊跑了回来。小派说："我借给你们 1 只羊，这样 18 只羊就好分了。老大分 $18 \times \frac{1}{2} = 9$（只），老二分 $18 \times \frac{1}{3} = 6$（只），老三分 $18 \times \frac{1}{9} = 2$（只），合在一起是 $9 + 6 + 2 = 17$，正好是 17 只羊，还剩下 1 只羊，我把它牵走，还给那位牧羊人。"

兄弟三人一同竖起了大拇指，说："还是小派的主意高明！"

奇奇吐了一下舌头，说："这题可真够难的。"

"我不叫你进这个纠纷村，你非要进，咱俩快走吧！"小派快步往前走。

"站住，站住！"远处跑来四个大汉。

领头的一个黑大汉说："听说你们俩专会解决纠纷，快给我们解决一下吧！"

奇奇问："你们贵姓？是干什么的？"

黑大汉说："我们四个人依次姓赵、钱、孙、李，同在一个地主家干活。地主说：赵比钱干得多；李和孙干活的数量之和与赵和钱干活的数量之和一样多；可是，孙和钱干活的数量之和，比赵和李干活的数量之和要多。我们四个都说自己干得多，你给我们排个一二三四吧！"

奇奇抓着脑袋说："这么乱，我从哪儿下手给你们解决呀？"

小派小声提示奇奇说："其实只有三个条件，你一个一个地考虑嘛！"

"好，我一个条件一个条件地给你们考虑。先给你们列三个式子。"奇奇在地上写着：

① 赵＞钱

② 李＋孙＝赵＋钱

③ 孙＋钱＞赵＋李

奇奇小声问小派："往下该怎么做啊？"

小派小声说："用③式减去②式。"

"对，③式减去②式就成啦！"奇奇又写道：

$$孙＋钱－（李＋孙）＞赵＋李－（赵＋钱）$$

$$孙＋钱－李－孙＞赵＋李－赵－钱$$

$$钱－李＞李－钱$$

$$2\,钱＞2\,李$$

$$钱＞李$$

"这就算出来钱比李干得多，可以排出赵＞钱＞李。你们三个人数姓赵的干得多。"奇奇挺高兴。

姓孙的凑过来问："我呢？"

"你别着急啊！"奇奇说，"把②式变变形：

钱－李＝孙－赵

因为钱－李＞0，所以孙－赵＞0，

即孙＞赵。"

奇奇郑重地宣布："姓孙的第一，姓赵的第二，姓钱的第三，姓李的最末！"

告别联欢会

问题解决了，两人赶紧从纠纷村出来，往首相府走去。布直首相亲自在门口迎接他们。首相府今天另有一番景象，府里张灯结彩，敲锣打鼓，一条大红横幅上写着：欢送小派、奇奇联欢会。

布直首相亲切地慰问："一路辛苦啦！"

小派不好意思地说："我们俩到贵国主要是来学习的，怎么好让您开这样盛大的欢送会！"

布直首相笑着说："人才难得啊！我非常喜爱数学人才，你们两人都是不可多得的数学天才啊！"

"我？"奇奇心想，"我这个足球前锋也成数学天才啦？"

"小派、奇奇，快来玩呀！"是圆圆和方方在叫他们俩。两人跑过去一看，圆圆和方方正在玩"蒙眼猜石头"。

一提玩，奇奇就来精神了："怎么玩？算我一个。"

圆圆介绍说："这儿有30个石子，还有红、黄两个筐。一个人用布把眼蒙上，另一个人把石子往两个筐里扔。取1个石子时，就往红筐里扔；取2个石子时，就往黄筐里扔。

每扔一次要拍一下手，每次不许不扔，也不能扔出多于两个的石子。蒙着眼睛的人要根据听到的拍手次数，说出红筐、黄筐里各扔进了多少石子。"

"好玩，好玩，我来试试！"奇奇要求圆圆把他的眼蒙上。

圆圆分别往两个筐里扔石子，扔一次拍一次手，一共拍了 18 次手。

方方问："奇奇，你快说，红筐和黄筐里各有多少个石子？"

"快不了，我要心算一下再告诉你。"奇奇蒙着眼睛，口中念念有词,那模样十分滑稽,逗得圆圆和方方哈哈大笑。

奇奇说："好了，我算出来了。设往红筐里扔了 x 次，那么往黄筐里必然扔了（$18-x$）次。列个方程：$x+2(18-x)=30$。解得 $x=6$，$18-x=12$。也就是说，往红筐里扔了 6 次，共 6 个石子；往黄框里扔了 12 次，共 24 个石子。"奇奇拉下蒙眼布一数，一个也不差。

"奇奇算是算对了，就是慢了点儿。这次让小派来个快的。"方方说着，给小派蒙上了眼睛。

方方拍了 21 下手，小派脱口说出红筐里有 12 个石子，黄筐里有 18 个石子。

奇奇惊奇地问："你怎么算得这么快？列个方程也要

点时间啊！"

"我没有列方程。"小派解释说，"我听到拍了21下手。如果这21次都是扔向黄筐的，黄筐里应该有42个石子，可是，实际上总共只有30个石子，这说明我多算了12个石子。怎么会多算了呢？因为我把扔向红筐的12次，错算为扔向黄筐的了。实际上，应该向红筐扔了12次，红筐里有12个石子；向黄筐里扔了9次，黄筐里有18个石子。"

奇奇拍了一下小派的肩膀，说："还是你会动脑子！"

"奇奇，快来。我这儿有好玩的！"奇奇一看，是小不点在叫他。

奇奇略有些生气地说："好个小不点，半路上你又把我们给扔了，看我不揍你！"说着举起拳头就要打。

"饶命，饶命！和你们俩开个玩笑，请别当真。我陪你玩个好玩的游戏。"小不点一个劲儿说好听的。

奇奇问："有什么好玩的？"

小不点说："咱们来个'抢石子'游戏吧。"

"怎么个抢法？"

小不点拿出18个滚圆的小石子，分成7个一堆和11个一堆，他说："咱们轮流拿石子，每次可以从一堆中任取几个，也可以同时从两堆中取相同数量的石子。轮到谁，就一定要拿，谁最后拿光了石子，谁就算胜。"

奇奇又问："赢了有什么奖赏？输了又有什么惩罚？"

小不点笑着眨了一下眼睛，说："你赢了，我求布直首相奖给你一个大足球；你输了，我在你脑门上轻轻地弹一下。"

"好吧，我先拿。"奇奇伸手从 11 个一堆的小石子中拿走了 10 个，小不点赶紧从 7 个一堆里拿走 5 个。一堆剩下 2 个石子，一堆剩下 1 个石子。奇奇从有 2 个石子的那堆里拿走 1 个，小不点把剩下的 2 个一齐拿走了。

奇奇瞪圆了眼睛问："你怎么两堆一齐拿呀？"

小不点两眼一翻，说："我刚才说得清楚，可以同时从两堆中取相同数量的石子嘛，现在每一堆都只剩下 1 个，我当然可以一齐拿了！"奇奇认输，小不点在奇奇的大脑门上轻轻地弹了一下。

"我是铜头，不怕弹！这次我两堆一齐拿。"奇奇从每堆中各拿走 3 个石子，这时一堆还剩 8 个，另一堆还剩下 4 个石子。小不点从两堆中各拿了 1 个，一堆还剩下 7 个，另一堆还剩下 3 个；奇奇从有 7 个石子的那堆里拿了 1 个，小不点也从这堆里拿了 1 个，剩下 5 个一堆和 3 个一堆；奇奇从两堆中又各拿走了 2 个，剩下 3 个一堆和 1 个一堆。小不点从有 3 个石子的那堆中拿走 1 个，说："你又输了！"奇奇一看，和上局一样，剩下的是 2 个一堆和 1 个一堆。奇奇的脑门儿又被弹了一下。

奇奇一局接一局地输，小不点弹脑门儿的劲头也越来越大，硬是在奇奇的脑门儿上弹起一个大包。

奇奇捂着脑袋找小派替他报仇。小派走过来想了一下，从有 11 个石子的那堆中拿走 7 个，剩下 7 个一堆和 4 个一堆。小不点从有 7 个石子的那堆中拿走 2 个，小派立刻从两堆中各拿走 3 个，剩下 2 个一堆和 1 个一堆。

小不点一拍脑袋，说："坏了，我输啦！"

"你输了，我来罚！"奇奇运足了功气，狠狠地朝小不点的脑门儿上弹了一下，眼看着小不点的脑门上鼓起一个大包。

小不点捂着脑袋喊道："你赢了，不是给你足球吗？"

奇奇咧着大嘴笑着说："我不要足球了，咱俩一人来一个包吧！哈哈！"

小不点不服气，从腰里又掏出一把石子，摆成 12 个一堆、18 个一堆。小派稍想了一下，只从有 12 个石子的那堆中取走 1 个石子，小不点从有 18 个石子的那堆中取走 6 个，剩余 11 个一堆和 12 个一堆；小派从 11 个一堆中只拿了 1 个，小不点从 12 个一堆中也拿了 1 个，还剩下 10 个一堆和 11 个一堆；小派从 11 个一堆中拿走 5 个，

小不点从 10 个一堆中也拿走 5 个，剩下 6 个一堆和 5 个一堆；小派从 6 个中拿走 3 个，小不点也从 5 个中拿走 3 个，剩下 3 个一堆和 2 个一堆；小派从两堆中各拿走 1 个，剩下 2 个一堆和 1 个一堆。

"小不点又输喽！"奇奇又要弹脑门儿，吓得小不点捂着脑袋跑出老远。

小不点连玩几局，每局必输。

小不点问小派："你这里有什么诀窍吗？"

"当然有啦！"小派笑着说，"我掌握着一组胜利数，每战必胜！"

小不点和奇奇都要小派把胜利数写出来，小派并不保密，立刻写了出来。

胜利数编号	1	2	3	4	5	6	7	8
甲堆石子数	1	3	4	6	8	9	11	12
乙堆石子数	2	5	7	10	13	15	18	20

小派解释说："我每次取石子的原则是，使剩下的两堆石子正好是表上给出的一组数。比如第一次是 7 个一堆和 11 个一堆，我从 11 个中取走 7 个，使剩下的两堆石子数是 7 和 4，这正好是第三组胜利数；第二次是 12 个一堆和 18 个一堆，我从 12 个中取走 1 个，使剩下的两堆石子数是 11 和 18，这正好是第七组胜利数。只要剩下的是胜利数，我就一定能赢！"

小不点又问："这个表又是怎样造出来的呢？"

小派指着表说："第一对是 1 和 2。从第二对开始，甲堆的数是前面没出现过的最小自然数，而乙堆的数是甲堆的数加编号。比如第二对，甲数是 3，乙数就是 3+2＝5。"

告别的时候到了，布直首相送给小派和奇奇每人一套数学书，又特别送给奇奇一个足球。

布直首相亲自把两人送到弯弯绕国的边境，目送小派和奇奇消失在远方。

答 案

一封奇怪的邀请信

63，127

数学擂台

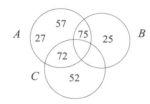

小派精彩秀

100以内的质数有：2，3，5，7，11，13，17，19，23，29，31，37，41，43，47，53，59，61，67，71，73，79，83，89，97。

初探数学宫

```
2 | 60  42  ……用公有的质因数2除
  3 | 30  21  ……用公有的质因数3除
       10  7  ……除到两个商只有
              公因数为止
```

60和42的最小公倍数为：$2 \times 3 \times 10 \times 7 = 420$。

只身探索

图4

画 谜

1

金屋子里的奥秘

解：设应选择 x 厘米的高跟鞋。

$$\frac{106+x}{173+x} = 0.618$$
$$x = 2.39$$

答：她需要穿一双鞋跟为2.39厘米的鞋子。

游野生动物园

$(1-0.5) \div (0.5-0.4) +1 = 6$（次）

快乐与烦恼之路

他们三位去了塞班岛，去了牛津大学，也参观了哈佛大学。

他是谁

10010

古算馆历险

$$1 - \frac{2}{5} - (\frac{2}{5} - \frac{1}{20}) = \frac{1}{4}$$

数学知识对照表

书中故事	知识点	难度	教材学段	思维方法
一封奇怪的邀请信	数列	★★★★	五年级	数列的排列和变化规律
数学擂台	容斥原理	★★★	六年级	包含与排除
小派精彩秀	质数的寻找	★★★★★	五年级	数论
初探数学宫	有趣的短除法	★★★★★	五年级	数论与图形结合
只身探索	有趣的一笔画	★★★	五年级	"一笔画"规律的了解
画谜	斐波那契数列	★★★★	四年级	发现规律
金屋子里的奥秘	黄金分割	★★★★	八年级	分割与比例
游野生动物园	青蛙跳井问题	★★★	四年级	周期内正效率与负效率
快乐与烦恼之路	真假话问题	★★★	五年级	逻辑推理
他是谁	十进制整数转换成二进制整数	★★★★★	七年级	除以2，倒取余数法
古算馆历险	分数应用题	★★★	五年级	寻找不变量